受益一生的百科知识

海洋文化百科知识

曲金良　编著

吉林人民出版社

图书在版编目(CIP)数据

海洋文化百科知识 / 曲金良编著. —— 长春：吉林
人民出版社, 2012.4

(受益一生的百科知识)

ISBN 978-7-206-08760-8

Ⅰ.①海… Ⅱ.①曲… Ⅲ.①海洋—文化—普及读物
Ⅳ.①P7—49

中国版本图书馆CIP数据核字(2012)第071283号

海洋文化百科知识

HAIYANG WENHUA BAIKE ZHISHI

编　　著：曲金良

责任编辑：李沫薇　　　　　　　　封面设计：七　洱

吉林人民出版社出版 发行(长春市人民大街7548号　邮政编码:130022)

印　　刷：永清县晔盛亚胶印有限公司

开　　本：670mm×950mm　　1/16

印　　张：13　　　　　　　字　　数：220千字

标准书号：ISBN 978-7-206-08760-8

版　　次：2012年7月第1版　　　印　　次：2023年6月第3次印刷

定　　价：45.00元

如发现印装质量问题,影响阅读,请与出版社联系调换。

广袤的海洋地理

神奇的海洋现象

迷人的海洋风光

丰富的海洋资源

繁忙的海上通道

悠久的航海历史

多彩的海洋民俗

优美的海洋文艺

神圣的海洋权益

堪忧的海洋环境

广袤的海洋地理

● "地球"是"水球"

我们一直称人类居住的是"地球"，但事实上"地球"上的海洋比陆地大得多。随着人类载人航天技术的发明，人类可以在太空观看"地球"了，看到的却更像是一个"水球"。

1961年4月12日，在苏联拜科努尔航天发射场，加加林穿着宇航服登上东方1号宇宙飞船，莫斯科时间9时7分，飞船在运载火箭推动下，点火升空，进入320千米高的地球轨道飞行。加加林在座舱内从舷窗向外观望，不禁欢呼道："多么美啊！我看见了陆地、海洋和云彩，整个地球更像个大水球！"加加林是人类历史上第一位太空使者，为此壮举，他也被誉为"宇宙哥伦布"。

根据科学家计算，地球的表面积为5.1亿平方千米，海洋占据了其中的70.8%，即3.61亿平方千米，剩余的1.49亿平方千米为陆地，其面积仅为地球表面积的29.2%。也就是说，地球上的陆地面积还不足三分之一，而且还包括陆地上的千万条大大小小的江河、千万个大大小小的湖沼在内。所以，加加林从太空中看到的地球，是一个蓝色的"水球"，而我们人类居住的广袤大陆实际上不过是点缀在一片汪洋中的几个"岛屿"而已。因此有人建议，人类应该将"地球"改称为"水球"，这是不无道理的。

水是地球上分布最广的物质，是人类环境的重要组成部分。地球水的总量约有136000万立方千米，如果全部铺在地球表面上，水层厚度可达到约3000米。如此大量的水，绝大部分是海水。海水占地球总水量的97.2%。陆地上尽管到处分布着河流湖沼，总水量约为23万立方千米，其中淡水只有大约一半，约占地球水总量的万分之一。

公元前350年前后，古希腊学者亚里士多德认为地球是一个球体。

从我国的古代文献可知，我国战国时期的人就认为地球是圆的。战国时期的哲学家惠施（公元前390—前317，与庄子同时）就说过："南方无穷而有穷……我知天下之中央，燕之北、越之南是也。"（《庄子·天下》引惠施语）东汉时张衡《浑天仪图注》说得更为具体："浑天如鸡子。天体圆如弹丸，地如鸡中黄，孤居于内，天大而地小。天表里有水，天之包地，犹壳之裹黄。"张衡还制作过浑天仪以测量天体。三国时王蕃《浑天象说》则明确论说地球是旋转的："天地之体状如鸟卵，天包于地外，犹卵之裹黄，周旋无端，其形浑浑然，故曰浑天。其术以为天半覆地上，半在地下，其南北极持其两端，其天与日月星宿斜而回转。"正因为"天表里有水"，故称之为"浑天"。"天表里有水"，即是对地球表面大部分为海洋覆盖的概括。

自1405年开始，中国明朝政府由28000人、近300艘大船组成的郑和船队七下西洋，在南洋、印度洋至东非海岸的海面上浩浩荡荡航行了28年。过了半个世纪之后，公元1492年，西班牙派哥伦布由3只小船组成的几十人的船队出发了，目的是寻找西方传说中的远在东方的印度和中国。由于他也相信地球是圆的，认为向西航行照样可以到达，而西班牙的西面就是海洋，于是"偶然"地"发现"了一块从未见过的另外一种文明的大陆，便以为是"发现"了印度，因此将那里的人们称之为"印第安人"，从而引发了欧洲人后来对这块大陆——即后来的美洲的殖民。1519年，麦哲伦又在西班牙国王的资助下，率领一支由5艘帆船组成的探险队，从西班牙起航，开始了他历时三年的环球航行，用航海实践证明了地球是一个球体——不管是从西往东，还是从东往西，毫无疑问，都可以环绕我们这个星球一周航行回到原地。从此，世界海洋上人们的航行便越来越多了起来，东西方文化也开始了越来越多的接触、交流和碰撞，世界各地人们的经济社会生活也发生了越来越多的贸易、争夺和合作交往。

● 海洋是怎样形成的

据科学家解释，大约在50亿年前，太阳发生了一次大"爆炸"，从太阳星云中分离出了一些大大小小的星云团块，它们互相碰撞，又彼此结合，慢慢由小变大，形成了最原始的地球。在星云团块的不断碰撞、结合过程中，由于力度强大，碰撞、结合的物质不断受力增温，在温度足够高时，开始熔解，受重力作用，重的下沉并趋向地心集中，形成地核；轻者上浮，形成地壳和地幔。在高温下，最轻的水分汽化与气体一起飞升入空中。但是由于地心的引力作用，它们不会跑掉，只在地球周围，成为一个"大气"圈层。而位于地表的一层地壳，在冷却凝结过程中，不断地受到地球内部剧烈运动的冲击和挤压，形成地震与火山爆发，喷出岩浆与热气。开始，这种情况发生频繁，后来渐渐变少，慢慢趋于稳定。这种过程，大概是在45亿年前完成的。受地球内部冲击和挤压的作用，地壳经过冷却定形之后，地球表面皱纹密布，凹凸不平。高山、平原、河床、海盆，各种地形也就一应俱全了。而天空中的"大气"，在很长一个时期内呈现为浓云密布，天昏地暗。随着地壳逐渐冷却，"大气"的温度也慢慢地降低，水汽凝结变成水滴，这样水滴越积越多。由于冷却不均，空气对流剧烈，形成雷电狂风，暴雨如注，一直下了很久很久。这些雨水慢慢汇集成为滔滔的洪水，通过千川万壑，最终汇集成巨大的水体，这就是原始的海洋。

原始的海洋，海水不是咸的，里面也不含有氧。原始海洋中的水分不断蒸发，反复地成云致雨，重新又落回地面，不断冲刷，把陆地和海底岩石中的盐分不断溶解，慢慢的汇集于原始海洋中。经过亿万年的积累、溶解、融合，才变成了大体均匀的咸水。同时，由于大气中当时没有氧气，也没有臭氧层，紫外线可以直达地面，生物是无法在陆地存活的。依靠海水的保护，生物首先在海洋里慢慢诞生。

大约在38亿年前，海洋里产生了有机物，先有低等的单细胞生物。大约在6亿年前的时候，生物中逐渐演化出了海藻类，它们在阳光下进行光合作用，产生了氧气，氧气又经过一系列的复杂的变化，形成了臭氧，它们慢慢积聚形成了臭氧层。此时，生物才开始登上陆地。

总之，经过水量和盐分的逐渐增加，及地质历史上的沧桑巨变，原始海洋逐渐演变成为今天的海洋。

● **全球海洋的分布**

全球海洋，被近代以来的科学家以海岸陆地和海底地形线为界，划分为四个面积很大的"洋"和多个面积较大的"海"。四个大洋，以其面积大小划分依次是：太平洋、大西洋、印度洋、北冰洋。2000年，人们又将四大洋环绕南极大陆的海域称作"南极海"，也有的叫作"南冰洋""南大洋"。如果加上这一"新"的"大洋"，地球上也就有了"五大洋"。

世界大洋的总面积，约占海洋总面积的89%，是海洋的主体部分。大洋边缘靠近大陆的部分，多称之为"海"。世界上较大的"海"有40—50个之多，有边缘海、内陆海、地中海等不同类型，总面积约占海洋的11%。海因靠近大陆，与大陆、河流、气候和季节的相互影响直接，对人类的影响、与人类的相互关系较之大洋更为密切。

● 太平洋

太平洋是世界上最大、最深的海洋，面积165250000平方千米，约占地球总面积的1/3。它的"边界"，南从南极大陆海岸，北到白令海峡，南北最宽15500千米；东自南美洲的哥伦比亚海岸，西至亚洲的马来半岛，东西最长21300千米；太平洋平均深度是4280米，已知最大深度在马里亚纳海沟，最深处深达11034米。太平洋的东南部经南美洲和南极洲之间的海峡与大西洋沟通；西南部与印度洋临界。以赤道分为北太平洋和南太平洋。太平洋的属海，北部主要有东海、黄海、日本海、鄂霍次克海和白令海，中部有南海、爪哇海、珊瑚海、苏禄海、班达海等，南部有塔斯曼海、别林斯高晋海、罗斯海和阿蒙森海等。

太平洋不但是世界上最大的海洋，而且是岛屿、海湾、海沟和火山地震分布最多的海洋。全球约85%的活火山和约80%的地震区域集中在太平洋地区。太平洋东岸的美洲科迪勒拉山系和太平洋西缘的花彩状群岛是世界上火山活动最剧烈的地带，活火山多达370多座，有"太平洋火圈"之称，地震频繁。太平洋约有岛屿10000个，总面积440多万平方千米，约占世界岛屿总面积的45%，主要分布于西部和中部偏西水域，西部分布的主要有日本群岛、台湾岛、菲律宾群岛、印度尼西亚群岛、新几内亚岛等大陆岛；中部偏西分布的主要有美拉尼西亚、密克罗尼西亚和玻利尼西亚等群岛。环太平洋居住的人类，有东亚大陆、朝鲜半岛、日本列岛、东南亚半岛和群岛、南北美洲的30多个国家，以及南太平洋中的一些群岛国家和地区。

"太平洋"的名称是怎样得来的？1519年9月20日，葡萄牙航海家麦哲伦率领5艘帆船、200多人组成的探险队从西班牙的塞维尔起航，西渡大西洋，他们要找到一条通往印度和中国的新航路。12月13日船队到达巴西的里约热内卢湾，1520年3月到达圣朱利安港。此后，船队发生了内讧。费尽九牛二虎之力，麦哲伦镇压了西班牙船队的内部叛乱，船队继续南下。他们顶着惊涛骇浪，吃尽了苦头，到达了南美洲的南端，进入了一个海峡。这个后来以"麦哲伦海峡"命名的海峡更为险恶，到处是狂风巨浪和险礁暗滩。又经过38天的艰苦奋战，船队终于到达了海峡的西端，然而此时船队仅剩下3条船了，队员也损失了一半。又经过3个月的艰苦航行，船队从南美越过关岛，来到菲律宾群岛。这3个月的航程再也没有遇到一次风浪，海面十分平静，饱受了先前滔天巨浪之苦的船员高兴地说："这真是一个太平洋啊！"从此，人们把美洲、亚洲、大洋洲之间的这片大洋称为"太平洋"。

太平洋是国际交通贸易的巨大网络通道。太平洋上有许多条联系亚洲、大洋洲、北美洲和南美洲的重要海、空航线。太平洋东部的巴拿马运河和西南部的马六甲海峡，分别是通往大西洋和印度洋的捷径和世界主要航道。海运航线主要有东亚—北美西海岸航线、东亚—加勒比海、北美东海岸航线，东亚—南美西海岸航线，东亚沿海航线，东亚—澳大利亚、新西兰航线，澳大利亚、新西兰—北美东、西海岸航线等。

● 大西洋

大西洋是地球上第二大洋，位于欧洲、非洲与南北美洲和南极洲之间，北与北冰洋分界，南临南极洲并与太平洋、印度洋南部水域相通，东西狭窄、南北绵长，轮廓略呈S形，南北全长约1.6万千米，赤道区域最窄距离约2400多千米。大西洋连同附属海和南大洋部分水域约9165万平方千米，平均深度3597米，最深处位于波多黎各海沟，为9218米。大西洋东西两侧岸线大体平行。南部岸线平直，内海、海湾较少；北部岸线曲折，沿岸岛屿众多，海湾、内海、边缘海较多。岛屿和群岛主要分布于大陆边缘，开阔洋面上的岛屿很少。

"大西洋"是用中国人的方式采用的称谓。为什么称为"大西洋"？中国自明代起，在表述海洋的地理位置时，常习惯以雷州半岛至加里曼丹作为界线，此线以东为东洋，此线以西为西洋。这就是我们常称日本人为东洋人，称欧洲人为西洋人的原因。明神宗时，传教士利马窦来华拜见中国皇帝，他用中国方式说，他是从"小西洋（当时中国对印度洋的称谓）"以西的"大西洋"来的人。从此我们称西方人所说的Atlantic Ocean（出自古希腊神话中大力士阿特拉斯的名字。传说阿特拉斯住在大西洋中，能知任何一个海洋的深度，有擎天立地的神力）为"大西洋"。

大西洋在近代之后欧洲人开辟殖民地、贩卖非洲奴隶、开展世界贸易的海上航运中处于重要的位置。大西洋西通巴拿马运河连太平洋，东穿直布罗陀海峡，经地中海、苏伊士运河通向印度洋，北连北冰洋，南接南极海域，航路四通八达。在大约30年之前，大西洋沿岸国家经济贸易交往频繁，是世界环球航运体系中的重要枢纽网络。每天在北大西洋航线上的船只平均有4000多艘，拥有世界2/3的货物周转量和3/5的货物吞吐量，使大西洋成为世界航运最发达的大洋。在全世界2000多个港口中，大西洋沿岸占有3/5，主要港口有：汉堡、鹿特丹、伦敦、利物浦、马赛、亚历山大、达尔贝达（卡萨布兰卡）、开普敦、纽约、费城、新奥尔良、休斯敦、里约热内卢、布宜诺斯艾利斯等。近30年来，亚洲和泛太平洋海上贸易量剧增，尤其是中国沿海港口快速发展，海运贸易规模剧增，最近几年，无论是世界排名前10还是前30位的大港，中国港口（连同香港、台湾港口）连年占尽半壁江山，大西洋港口海运才风光不再。

● 印度洋

印度洋是世界第三大洋，位于亚洲、大洋洲、非洲、南极洲和澳大利亚大陆之间，西南与大西洋为界，东南与太平洋相接，面积7 492万平方千米，约占世界海洋总面积的1/5。平均深度3897米，仅次于太平洋，位居第二，其最深处在阿米兰特群岛西侧的阿米兰特海沟，深9074米。印度洋的全部水域都在东半球，因位于亚洲印度半岛南面，故名印度洋。它的主体位于赤道带、热带和亚热带范围内，是热带海洋。

印度洋受亚洲西部和南部岛屿、半岛的分隔，形成许多边缘海、内海、海湾和海峡，主要有红海、阿拉伯海、亚丁湾、波斯湾、阿曼湾、孟加拉湾、安达曼海、阿拉弗拉海、帝汶海、莫桑比克海峡等。

印度洋在古代被中国人称为"西洋"。欧洲人早期不知道印度洋，只知道与印度洋相连的红海，称为"厄立特里亚海"。"厄立特里亚"

（ERYTHREA）希腊文原意为红色，即红海。而"印度洋"在欧洲人的知识中出现得较晚。欧洲人正式使用印度洋一名则是在1515年左右，当时中欧地图学家舍纳尔编绘的地图上，把这片大洋标注为"东方的印度洋"，此处的"东方"一词是与大西洋相对而言的。1497年，葡萄牙航海家达·伽马东航寻找印度，便将沿途所经过的洋面统称为"印度洋"。这个名字逐渐被人们接受，成为通用的称呼。

印度洋的地理位置也十分重要，是沟通亚洲、非洲、欧洲和大洋洲的交通要道。向东通过马六甲海峡可以进入太平洋，向西绕过好望角可达大西洋，向西北通过红海、苏伊士运河，可入地中海。航线主要有亚、欧航线和南亚、东南亚、南非、大洋洲之间的航线。

印度洋的自然资源相当丰富，矿产资源以石油和天然气为主，主要分布在波斯湾，此外，澳大利亚附近的大陆架、孟加拉湾、红海、阿拉伯海、非洲东部海域及马达加斯加岛附近，都发现有石油和天然气。印度洋海域是世界最大的海洋石油产区，约占海上石油总产量的1/3。

● 北冰洋

北冰洋是地球上四大洋中最小最浅的大洋，以北极为中心，为亚洲、欧洲和北美洲三洲所环抱，近于半封闭，面积1310万平方千米，约相当于太平洋面积的1/14，占世界海洋总面积4.1%。

北冰洋通过挪威海、格陵兰海和巴芬湾同大西洋连接，并以狭窄的白令海峡沟通太平洋。平均深度约1200米，南森海盆最深处达5449米，是北冰洋最深点。该大洋一则是因为它在四大洋中位置最北，再则是因为该地区气候严寒，洋面上常年覆有冰层，所以人们称它为北冰洋。

北冰洋气候寒冷，洋面大部分常年冰冻。北极海区最冷月平均气温可达-20℃至—40℃，暖季也多在8℃以下，因其严寒，北冰洋水文最大特点是有常年不化的冰盖，冰盖面积占总面积的2/3左右，其余海面上分布有自东向西漂流的冰山和浮冰，沿岸地区则多为永冻土带，永冻层厚达数百米。北冰洋寒季常有猛烈的暴风。北欧海区受北大西洋暖流影响，水温、气温较高，降水较多，冰情较轻，暖季多海雾，有些月份每天有雾，甚至连续几昼夜。

在北极点附近，每年近六个月是无昼的黑夜（10月至次年3月），高空有光彩夺目的极光出现，一般呈带状、弧状、幕状或放射状，北纬70°附近常见。其余半年是无夜的白昼。

● 南冰洋

南冰洋（Southern Ocean），又称南极洋或南大洋，是围绕南极洲的海洋，是太平洋、大西洋和印度洋南部的海域，具有南极大陆边缘海的性质，因此人们以前称为"南极海"。但是，由于海洋科学家们发现"南极海"海域有不同于四大洋的洋流，于是国际水文地理组织于2000年确定其为一个独立的大洋，于是称之为"南冰洋"或"南极洋""南大洋"。称"南冰洋"，是与北冰洋相对应；称"南极洋"，是因为其位置在南极圈；称"南大洋"，也是因为在地球的最南部。

国际水文地理组织划定南极洋的范围，是以南纬60°为界的经度360°内包围南极洲的海洋。主要包括罗斯海、别林斯高晋海、威德尔海、阿蒙森海，部分南美洲南端的德雷克海峡以及部分新西兰南部的斯克蒂亚海，面积2032.7万平方千米，海岸线长度为17968千米。

南冰样有巨大的南极绕极流，除南极沿岸一小股流速很弱的东风漂流外，其主流是自西向东运动的西风漂流。这是宽阔、深厚而强劲的风生漂流，南北跨距在南纬35°—65°之间，其深度是自海面到海底的整个水层。南极洋流的长度有21000千米，是世界上最长的洋流，流量为1.3亿立方米/秒，等于全世界所有河流流量总和的100倍。

南冰洋的深度一般在4000—5000米之间，最深点为南桑德韦奇海沟，达到7235米。

南极洲常年被冰盖覆盖。南极冰盖在3月份有260万平方千米，在9月份则达到1880万平方千米，是3月份的7倍多。

此外，南冰洋磷虾资源丰富，是世界上尚未开发的藏量最为丰富的生物资源，其蕴藏量一般估计为1.5—10亿吨，最高估计数为50亿吨，年捕获量可达1—1.5亿吨。

● 海洋中的大陆是不断漂移的

"海洋中的大陆，是不断漂移的。"这是20世纪初期由科学家提出来的。1910年的一天，年轻的德国科学家魏格纳躺在病床上，目光正好落在墙上的一幅世界地图上，"奇怪！大西洋两岸大陆轮廓的凹凸，为什么竟如此吻合？"他的脑海忽然冒出一个念头："非洲大陆和南美洲大陆以前会不会是连在一起的？也就是说他们之间原来并没有大西洋，只是后来因为受到某种力的作用才破裂分离？大陆会不会是漂移的？"以后，魏格纳通过调查研究，从古生物化石、地层构造等方面找到了一些大西洋两岸相同或相吻合的证据。对此，魏格纳做出一个简单的比喻：这就好比一张被撕破的报纸，不仅能把它拼合起来，而且拼合后的印刷文字和行列也恰好吻合。

1912年，魏格纳正式提出了"大陆漂移假说"。在当时，他的假说被认为是荒谬的。因为在这以前，人们一直认为地球上的各大洲、大洋是固定不变的。为了进一步寻找大陆漂移的证据，魏格纳只身前往北极地区的格陵兰岛探险考察，在他50岁生日的那一天，不幸遇难。但他的大陆漂移假说，现在已被大多数人所接受。这一科学假说，以及由此而发展起来的板块学说，使人类重新认识了地球。魏格纳认为，2亿年前地球上的各大洲是相互连接的一块大陆，它的周围是一片汪洋。后来原始大陆分裂成几块陆地，缓慢地漂移分离，逐渐形成了今天的各个大洲、大洋的分布状况。而这种状况至今仍然在变化，海洋中的大陆与大陆之间的距离，有的仍在慢慢变近，有的仍在慢慢变远。

● 海洋与陆地的"沧海桑田"之变

在中国神话里，有个叫麻姑的女神仙，她长生不老，曾经见过东海三次变成陆地，又三次变成海洋。这就是人们常说的"沧海桑田之变"。麻姑虽然是神话里的人物，但海洋与陆地的"沧海桑田"变化却是真实的。

不但海洋中的大陆板块是不断漂移的，由于地球气候、地质变动，导致海平面不断有升高和降低的变化，这就出现了海洋与陆地"沧海桑田"变化。

这是一种自然现象。地球内部的物质总在不停地运动，促使地壳发生变动，有时上升，有时下降。挨近大陆边缘的海水比较浅，如果地壳上升，海底便会露出而成为陆地；相反，海边的陆地下沉，海水倒灌，便会变为海洋。有时海底发生火山喷发或地震，形成海底高原，如果露出山脉、火山，海面就成了陆地。

气候的变化是"沧海桑田"之变的另一个主要原因。地球上的气温降低，由海洋蒸发出来的水，在陆地上结成冰川，不能回到海中去，因而海水减少，浅海就变成陆地；相反，气温升高，大陆上的冰川融化成水，汇入海洋，就会使海面升高，因而能使近海的陆地或低洼地区，变成海洋。据科学家测算，如果地球大陆上的冰川全部融化，汇入海洋的水可以使海面平均升高七、八十米，那样将使大部分陆地变成海洋。此外，河流每时每刻都在把泥沙带入海中，天长日久也会将一部分海滨冲积成陆地。因此，这种"沧海桑田"的变化，是在地球上普遍进行着的一种自然过程。

世界进入近代化也就是工业化以来，人类抛弃了自然经济时代的生活方式，大量开采使用地下矿产，大量制造化学产品，大量消耗能源，排出了远远超过地球和空气负载能力的灰尘和二氧化碳，人为地使地球气温升高，改变了"沧海桑田"变化的自然过程。因此，世界上不少大陆沿海的城市、海洋中的岛国，都面临着很快被海水淹没的威胁。现在，"减排"，即减少二氧化碳排放量，已经成为全人类的一个世界性任务，"低碳生活"，已经成为一种新的世界潮流。

● 人类文化史上的"沧海桑田"

现在我们所知道的人类历史进入"文化史"的阶段，大约只有短暂的2万年乃至1万年，地质史上称这1万年以来直至今天的地质地理环境变迁时期为"全新世"时期。要了解人类文明的历史变迁，对这1万年来的全新世气候环境与海平面变化的过程有一个大致的了解是必要的。对此，中外许多气候环境工作者已经做了大量研究，其大致的几个阶段的概况已经基本清楚。

全新世以前的地质气候阶段叫作末次冰期。末次冰期最强和次强的时期距今约20000—10000年，当时东亚大陆的温度比现今至少低10度乃至12度，降水量少，冰雪量多，海平面比现今低约100—150米，中国大陆东部沿海的海岸线，当时较现今东移700—1000千米，今渤海、黄海、东海的大部分海域是一片平原。

距今10000—7000年期间是全新世前期。这一时期的主要特点是气温迅速升高，海平面也迅速升高。

距今3000—7000年期间是全新世中期。这是全新世中最温暖湿润的时期，平均温度比现今高2—3度，降水量比现今多200毫米以上，被称为最适宜气候期。由于降水量多，两极冰雪和冰川融化，海平面上升到了全新世以来的最高水平。地球的大多沿海低海拔地区均出现大面积海侵。最强的一次海侵发生在距今7000—6000年，如长江三角洲海岸线比现今向西内退180—200千米，现今的上海、苏州、无锡、常州、杭州、绍兴和太湖均在海水中，现今的黄河中下游和长江中下游，当时就是"黄河下游""长江下游"以及"河口三角洲"和广大"沿海地区"。与暖湿气候期对应的世界高海平面时期分别出现在距今6800、5800、4900、和3700年左右，环中国海的高海平面分别出现在距今7300—6000、5500、4600—4000和3800—3100年间左右。在这些不断变化的气候与海平面变动过程中，一方面，当时的"沿海地区"的人类文明发生了巨大的飞跃，现代考古学已经发掘了大量较为先进的史前文化遗迹；另一方面，一次次长达数百年甚至上千年的海侵，也导致原来低海拔沿海地区的古文明中断，被不断埋葬在海底。

　　距今3000年直至现代时期是全新世后期。自距今3000年左右开始，气候又迅速转冷，被称为新冰期。其间虽也有回暖，但温度总趋势是波动式下降，气候变干，海平面降低，大约在距今1000年前进入小冰期，300多年前即公元1650—1700年时温度降到最低，至约150年前即约公元1850年时小冰期结束，温度开始逐渐转升，特别是20世纪末21世纪初，由于全球性工业化造成的二氧化碳等温室气体增多，温度升高加速，海平面上升已经引起了人们的广泛关注，尤其是不少大洋中的岛屿国家、大陆沿海低海拔地区，人们已经开始"惊呼"起来，担心不久的将来就会失去家园。

　　十分显然，气候环境和海平面变化对人类文明尤其是世界各个区域海洋文明的演变、文明模式的变换和文明中心的转移等，都产生了重要的乃至"致命"的影响。人们以往对世界各区域、各民族、各国家的文明历史的认识，往往局限于人类社会自身的发展、变革与变迁，对自然环境的"变革"与变迁有所忽略，对人类各地的海洋文明的发展、变革与变迁的认识也是如此，事实上很不全面，因而对人类各海洋文明区域的许多现象，至今不容易得到解释。

● "大洋岛族"之谜

在南太平洋群岛岛屿上，生活着众多的"土著"民族。在近代西方殖民者"发现"这些群岛之前，这里的土著民族已经在这些大洋中的小岛上生活了不知多少个世纪，创造了属于他们自己的渔猎与航海的海洋文明。可是，围绕着他们的"来历"，人们百思不得其解：这些大洋岛族，他们是本来就生活在这些群岛上、与地球上其他大陆上的人类一样，也是经历了从"古猿"或者从"海猿"等慢慢"进化"而成为现代人类的吗？如果不是，他们从哪里来的？人们于是开始了"研究"，不少人认为是从其他大陆航海而来的，尤其是从邻近的东亚大陆或其附近岛屿上航海来的，而且通过考古，还发现了许多五六千年乃至七八千年之前与东亚大陆及其附近岛屿上相同或相似的文物文化证据，但按照现代的已有航海"知识"又难以解释：即使是被吹捧为"航海民族"的西欧人，仅仅到了近代的15—16世纪才"第一次"有了超出地中海、北海和非洲西海岸的航海范围，而且是因为"走错了路"才"发现"了距离欧洲并不远远的美洲大陆，也自此才开始航行到印度、东亚地区的，几千年前甚至更早的人类，那时候有如此高超的航海技术水平，可以从东亚大陆及其岛屿、或什么其他大陆及其岛屿，航海几千几万千米来到此地吗？这是不是难以想象的？

● "三角洲文明"之谜

迄今为止，人们大多相信世界上有"五大"古文明——古埃及文明、古巴比伦文明、古希腊罗马文明、古印度文明、古代中国文明，相信只有古希腊罗马文明是"海洋文明"，而其他四大古文明都是"大河文明"，但为什么这些"大河文明"都是大河中下游的"三角洲文明"？古埃及的尼罗河入海口，古巴比伦的两河入海口，古印度的恒河入海口，古代中国的黄河、长江入海口，它们当时在哪里？是不是尼罗河平原与地中海，美索布达米亚平原与波斯湾，印度河平原与印度半岛东西海域和大洋，黄河、长江平原与黄海和东海，这些古文明都同样是靠了海洋的滋养，同样是地地道道的海洋文明？

还比如，人们大都认为我们中国古文明的中心在"中原"，但为什么上至"三皇五帝"、下迄宋元明清，历代皇帝举封禅大典这样的敬天礼神、关乎皇统国运的最高规格的国家大典，都是在东岳泰山？当时"中国文明"中心形成的最早时期的"中原"，是今天的这个"中原"的概念吗？从近几十年来这一"海岱地区"——即山东半岛和泰山周边地区以及黄淮地区的考古文化来看，越来越多的事实证明，这一地区在距今5000年至3000年期间，是海洋与岛屿纵横交错的地区。

● 消失的"大西洲"

"大西洲"，欧洲人叫"阿特兰蒂斯"，是西方人相传在人类文明早期沉没消失在大西洋海底中的一个古文明。

有关"大西洲"的传说，最早的文献记录出自古希腊哲学家兼数学家柏拉图之笔。他在两篇著名的对话著作《提麦奥斯》和《克利梯阿斯》中，都记述了大西洲的故事。

相传大西洲原本是一个美丽富饶的文明岛国，坐落在"赫拉克勒斯之柱"以外波浪滔天的西海，也就是今日直布罗陀海峡以西浩瀚的大西洋中，面积有207.2万平方千米。那里气候温和，森林茂密，花草繁盛，鲜果累累，河中有鱼，林中有大象等各种动物，还盛产金、银和古代人认为最宝贵的那种金光闪闪的山铜。大西洲的中心，建有宏伟壮观的都城。富丽堂皇的宫殿和庙宇，都是用金、银、山铜和象牙装饰起来的。岛上还有四通八达的运河系统、建筑完美的桥梁、日夜繁忙的港口。大西洲由十二个主要岛屿组成，分别由十二个国王掌管，国家繁荣昌盛，人民安居乐业。公正圣洁的海神被认为是岛国的无上主宰。海神制定的法律被刻在一根山铜柱上，获得大西洲人一致的信奉和景仰。

后来，大西洲的社会开始腐化了，邪恶代替了圣洁，贪财爱富、好逸恶劳、穷奢极欲代替了天生的美德，最后甚至对外发动侵略战争，企图奴役直布罗陀海峡以东地区的居民。这触怒了海神，上天决意要狠狠惩罚背叛大西洲传统信仰的人。不久，灾难终于来临，在一次特大的地震和洪水中，整个大西洲仅在一日一夜中就沉沦海底，消失于滚滚的波涛之中。

● 海底"法老城"

在古希腊的寓言、神话和史诗中，都提到地中海南岸曾经有过一个极其强盛的城市——埃及"法老城"。

古希腊"历史之父"希罗多德所著《历史》中,详细地描述了访问埃及"法老城"时的见闻,例如港口伊拉克利翁和城中壮观的"大力神"庙宇殿堂。据说该地是当时许多宗教的朝圣之地。但这个文明城市却在2400多年前神秘消失了。更令人奇怪的是在古埃及的正史里却没有该城市的任何文字记录。自从1870年德国考古学家海因里希·施里曼根据《荷马史诗》中的描述发掘出特洛伊古城后,人们才相信《荷马史诗》并不是神话。但失落的"法老城"又在哪里呢?

1988年,由世界著名考古学家组成的专家小组借用电磁波在内的高科技,才在埃及北部的亚历山大港海岸30米深的海底下发现了"法老城"的可能所在地。2000年6月,考古学家潜入海底时,终于发现了该城的宫殿遗址。根据文物判断,该城大约修建于公元前7世纪—公元前6世纪。考古学家们预料可能是地震使该城迅速沉入海底的。

如上这些世界上的"文明之谜"与海洋变迁的关系,如果我们通过对地球上气候环境变迁与海平面变化过程的了解,就会变得不再难以理解了。

● 世界上知名的海

人们虽然将"海""洋"连称为"海洋",但严格意义上说,"海"和"洋"并不是一回事。我们经常见到的是"海",而"洋"则要在远离陆地的地方,要通过轮船或者飞机等交通工具才能一睹它的风采。从陆地上看海洋,近的是"海",远的是"洋"。

虽然我们不经常看见"洋",但"洋"确实是海洋的中心和主体部分。约占海洋总面积的89%。深度也不是一般的"海"所能比拟的,一般在3000—10000米之间。由于它距离陆地遥远,所以受陆地影响非常小,水温和盐度都比较稳定,变化不大。

"海",也就是我们经常看到的,它其实是大洋的边缘部分,约占海洋总面的11%。海的深度也都比较浅,从几米到两三千米不等。由于海临近大陆,受大陆、河流、气候和季节的影响非常明显,其温度、盐度、透明度,都有明显的变化。例如,海的水温季节变化非常的明显,有的冬季甚至结冰。河流的入海处海水会变淡,有些海域受河流夹带着泥沙入海的影响,近岸海水会混浊不清,透明度变差。现在就让我们来了解一下世界上知名的一些"海"吧。

● 地中海

地中海是世界上最古老的海之一。它的历史甚至比大西洋还要古老。它被北面的欧洲大陆，南面的非洲大陆和东面的亚洲大陆所环绕着。东西长约4000千米，南北最宽处达到1800千米，其面积约为2512000平方千米，同时也是世界最大的陆间海。地中海以亚平宁半岛和突尼斯海峡为界，可以分成东、西两个部分。地中海比较深，平均深度达1450米，这在海中是并不多见的，希腊南面的爱奥尼亚海盆是地中海的最深处，达5092米。

地中海西部通过直布罗陀海峡与大西洋相接，东部通过土耳其海峡和黑海相连，最窄处仅13千米。19世纪时苏伊士运河开通后又与红海沟通。其独特的地理位置可以说是沟通欧、亚、非三大洲的枢纽，也是大西洋、印度洋和太平洋之间往来的捷径，因而具有重要的经济、政治和军事价值，成为地中海周围地区自古争相抢夺的场所，地中海上、沿海的战争很少停止过。特别是近代以来，纷争、战争更是接连不断。18世纪初，英国通过武力征服不断地开拓殖民地，一度使地中海成为自己的"内湖"；19世纪初拿破仑称霸欧洲时，和英国展开了对地中海的控制权的争夺；一战期间，交战双方海军也在地中海展开了激烈的争夺；二战中，德、意海军同英国的海军在该海域的争夺也是异常激烈。时至今日，西方大国在地中海的争夺仍在持续。从二战迄今，美国第六舰队一直以地中海作为它的根据地，西方一些大国的海军舰艇也经常到此游弋，使地中海已成为军舰凑集密度最大的海域，气氛非常紧张。针对此情况，沿岸国家为了保护国家的主权与安全，纷纷提出"地中海是地中海沿岸国家的地中海"，要求军事大国的舰队和军事基地全部撤出地中海。

地中海虽然是古老的海，但由于地处欧亚板块和非洲板块交界处，地壳并不稳定，是世界最强地震带之一。

● 爱琴海

爱琴海是地中海北部的边缘海，位于希腊半岛和小亚细亚半岛之间，它的海岸线非常曲折，因此岛屿、港湾众多，拥有2500余个岛屿。爱琴海沿岸是古希腊文明的发源地。这些早期的人类文明在人类发展史上占有重要的地位，更有一些美丽的神话传说流传至今。

关于爱琴海的名字，就有一个凄美的爱情故事：

相传希腊有一位有名的竖琴师叫琴。她的琴声能使盛怒的人恢复平静，善嫉的人心生宽容。

有一位年轻的国王听说之后，派了信使想邀请琴给他弹琴。可是琴却拒绝了国王。第二天清晨，国王亲自来到了琴所在的地方。国王在美妙琴声的引领下，见到了倾慕的姑娘。微风吹拂下琴显得格外的美丽动人，琴忽然觉得有股炽热的目光在注视着她，就这样，他们一见钟情。

所有人都认为这是非常完美的一对恋人。就这样，在人民和王公贵族的祝福声中，琴被接进宫廷。而当所有人都认为他们会像童话一样过上幸福的生活的时候，原本很友好的邻国却突然发动了可怕的战争。为了保卫国家和子民的安全，年轻的国王不得不立刻奔赴战场。就在新婚之夜他离开了深爱的姑娘。

琴思念国王，每天都会弹琴祝福远在战场的国王，但是天不遂人愿，琴却等来了国王战死沙场的噩耗。琴很坚强，泪水根本没机会溢上她的眼眶，她就披上了国王留下的染血战袍，继续代替国王指挥这场残酷的战争。

在举国欢庆胜利的时刻，国王的染血战袍却被琴一颗一颗晶莹的泪珠湿透。此后每天晚上琴都会对着夜空弹琴，她希望在天堂的国王可以听到。每天清早，琴就到处收集散落的露珠，她相信那是国王对她的爱的回应。

直到有一天琴也永远睡去而不再醒来，人们把琴用一生收集的五百二十一万三千三百四十四瓶露水，全部倒在她沉睡的地方。就在最后一滴落地时，奇迹发生了，琴的坟边涌出一股清泉，拥抱着她的身体。由泉变溪、由溪成河、由河聚海。从此在希腊就有了一片清澈的海，人们叫它"爱琴海"。

● 红　海

在非洲东北部和阿拉伯半岛之间有一狭长的海域。面积约450000平方千米。该海域由埃及苏伊士向东南延伸到曼德海峡与亚丁湾相连，然后通往印度洋的阿拉伯海，贯通了大西洋和印度洋，是一条重要的石油运输通道，具有重要的战略价值。它长约2100千米，最宽处达到306千米，该海域还因为局部地区生长有茂盛的红色海藻使海水呈红棕色，因此称之为红海。

红海海底地形十分复杂多变，海岸线也是参差不一，整个红海平均深度558米，最大深度2514米。红海所处的位置正好受北非和阿拉伯半岛两侧热带沙漠夹峙，因此常年尘埃弥漫，空气闷热，明朗天气比较少见。地处沙漠带，自然降水量少，但是蒸发量却相当高，由此，红海的盐度高达为4.1%，夏季时表层水温超过30℃，成为了世界上水温和含盐量最高的海域。

红海是印度洋的陆间海，实际是东非大裂谷在北部的延伸。按照海底扩张和板块构造理论，红海和亚丁湾是海洋的雏形。按照地质学家的说法，2000万年前的中新世，非洲大陆与阿拉伯半岛开始分离，目前还在以每年1厘米的速度继续扩张，按目前的速度，再过几亿年，红海会成为和今天大西洋一样浩瀚的大洋。据相关史料记载，1978年在红海阿发尔地区发生了一次剧烈的火山爆发，它在短时间内使红海南端加宽了1.2米。

● 加勒比海

人们对加勒比海一定不会陌生，在该海域拍摄的反映17世纪时该海域海盗出没的好莱坞故事大片《加勒比海盗》曾经风靡全球，使加勒比海一度成为全世界关注的焦点。

加勒比海这片神秘的海域位于北美洲东南部、南美洲东北部，是大西洋西部的一个边缘海。这里碧海蓝天，阳光明媚，海面水晶般清澈。它的面积约2754000平方千米，是世界上最大的内海。它的平均水深为2491米，现在所知的最大水深处为开曼海沟，达7680米，也是世界上深度最大的陆间海之一。因为它和墨西哥湾相连，所以也有人把它和墨西哥湾并称为"美洲地中海"。

加勒比海沿岸国家众多，有20个，这使之成为世界上沿岸国家最多的"海"域。加勒比海处于低纬度地区，因此加勒比地区植被一般为热带植物。环绕泻湖和海湾分布有浓密的红树林，沿海地带椰林分布也比较广，各岛普遍生长仙人掌和雨林，珍禽异兽种类繁多。丰富的生物资源和优美的环境使旅游业成为加勒比经济中的重要产业，明媚的阳光及旅游区，已使该地区成为世界主要的冬季度假胜地。

17世纪的时候，这里曾是欧洲大陆的商旅舰队到达美洲的必经之地，所以，当时的海盗活动非常猖獗，不仅攻击过往商人，甚至攻击英国皇家舰队。正是根据这些故事拍摄的好莱坞大片《加勒比海盗》，使人们认识和了解了加勒比海这一片神秘的海域的历史。

● 南中国海

南中国海，因位于中国南边而得名，中国称为南海。南海的南部有我国的南沙群岛，中部有我国的中沙群岛和西沙群岛，东北部有我国的东沙群岛，南海北部是我国的海南岛，南海北岸是我国的广东、广西、福建和台湾四省的陆地。南海的东岸和南岸分别是菲律宾群岛和马来半岛。

南海是我国最大也是最深的海，它的面积约为356万平方千米，是渤海、黄海还有东海总面积的三倍，是世界第三大陆缘海，仅次于珊瑚海和阿拉伯海。南海平均水深约为1212米，其中部的深海平原最深处达5567米左右。由于南海岛屿众多，水深变化大，有的海域岛礁广布水下形成暗礁，成为海上航行的危险之地。

南海有赤道穿越，属于热带海洋。合适的水温和水质，非常适于珊瑚的繁殖，因此南海诸岛中的东沙群岛、西沙群岛、中沙群岛和南沙群岛均为珊瑚岛屿。随着海洋的开发，南海海底已探明的石油与天然气资源蕴藏相当丰富，初步估算仅海底石油蕴藏量就达200亿吨。此外，南海位于太平洋和印度洋之间的航运要冲，在经济、国防上具有重要的意义。

中国自古拥有南中国海的主权。20世纪中期以前，其他国家没有任何争议。自从大量勘探海底石油天然气资源以后，越南、文莱、马来西亚、菲律宾等纷纷宣称对南海诸岛的一部分拥有主权。因此，围绕南海海域及岛屿的主权争议，成为亚洲最具潜在危险性的冲突热点。

南海古称"涨海"。大量历史史料证明，南海自古以来就是中国的不可分割的一部分。东汉杨孚《异物志》有"涨海崎头，水浅而多磁石"的记载。这是中国人对南海诸岛的最早记载。这里的"涨海"就是指南海，而"崎头"则是对西沙、南沙等群岛在内的南海诸岛的岛、礁、沙、滩的称呼。元代时，南沙群岛已由中国政府直接实施管辖。《元史》地理志和《元代疆域图叙》记载元代疆域包括了南沙群岛。其中《元史》记载了元朝海军巡辖了南沙群岛。明代《海南卫指挥佥事柴公墓志铭》记载："广东濒大海，海外诸国皆内属。"当时不但南海是中国的内海，南海外围的诸国，也是明朝的内属地区。在清代，中国政府将南沙群岛标绘在权威性地图上，对南沙群岛行使行政管辖。1724年的《清直省份图》之《天下总舆图》、1755年《皇清各直省份图》之《天下总舆图》、1767年《大清万年一统天下全图》、1810年《大清万年一统地量全图》和1817年《大清一统天下全图》等许多地图，均标明包括整个南海，自然包括南沙群岛在内都属于中国版图。1932年和1935年，中国参谋本部、内政部、外交部、海军部、教育部和蒙藏委员会共同组成水陆地图审查委员会，专门审定了中国南海各岛屿名称共132个，分属西沙、中沙、东沙和南沙群岛进行直接管辖。我国对南海拥有不可辩驳的主权。现在，我国对南海海域和岛屿实施管辖的地方政府，是海南省人民政府；其中一些海域和岛屿，目前由我国台湾当局实施管辖。

● 东中国海

东中国海又叫东海，它西接中国大陆，北与黄海相连，东北以济州岛经五岛列岛至长崎半岛南端连线为界，东面与太平洋之间隔以九州列岛、琉球群岛和台湾列岛，南面通过台湾海峡与南海相通，为一较开阔的大陆边缘浅海。东海面积770000平方千米，平均深度为370米左右。在五岛列岛到台湾岛一线的西北一侧基本上属中国大陆架，此线东南则为大陆坡和海槽。冲绳海槽的最大深度达2719米，是东海的最深处。

东海的海湾以杭州湾最大，流入东海的河流有长江、钱塘江、闽江及浊水溪等。由于注入的河水量比较大，这使得东海的盐度比较低，加之东海地处亚热带和暖温带，水质优良，又有多种水团在此交汇，这非常利于海中浮游生物的成长，使得水域中的鱼虾都有非常丰富的饵料，利于他们的繁殖生存，因此东海是我国最主要的渔场。我国著名的舟山渔场就在东海，也被称为中国海洋鱼类的宝库，盛产大黄鱼、小黄鱼、带鱼、墨鱼等。

中国沿海岛屿约有60%分布在该区，主要有台湾岛、舟山群岛、澎湖群岛等。

由于东海特殊的地理位置和丰富的海洋资源，东海对于其沿海国都具有重要意义。

● 世界知名的海湾

"海湾"，是一片三面环陆的海域，有U形及圆弧形等，通常以湾口附近两个对应海角的连线作为海湾最外部的分界线。海湾是人类从事海洋经济活动及发展旅游业的重要基地。世界上大大小小的海湾非常多，主要分布于北美、欧洲和亚洲沿岸，其中较大的有240多个。

● 孟加拉湾

孟加拉湾位于印度洋北部，西临印度半岛，东临中南半岛，北临缅甸和孟加拉国，南在斯里兰卡至苏门答腊岛一线，属于印度洋的边缘海湾，经马六甲海峡与暹罗湾和南中国海相连，是太平洋与印度洋之间的重要通道。孟加拉湾面积217万平方千米，是世界上最大的海湾，深度在2000—4000米之间。

孟加拉湾沿岸国家有印度、孟加拉国、缅甸、泰国、斯里兰卡、马来西亚和印度尼西亚。流入孟加拉湾的主要河流主要有恒河、布拉马普特拉河、伊洛瓦底江、萨尔温江、克里希纳河等。孟加拉湾中著名的岛屿包括斯里兰卡岛、安达曼群岛、尼科巴群岛、普吉岛等。孟加拉湾沿岸贸易发达，主要港口有：印度的加尔各答、金奈、本地治里、孟加拉国的吉大港、缅甸的仰光、毛淡棉、泰国的普吉、马来西亚的槟榔屿、印度尼西亚的班达亚齐、斯里兰卡的贾夫纳等。

● 亚丁湾

亚丁湾是指位于也门和索马里之间的一片阿拉伯海海域，它通过曼德海峡与北方的红海相连。

亚丁湾是印度洋通向地中海、大西洋航线的重要燃料港和贸易中转港，扼守着地中海东南出口和整个中东地区，具有重要的战略地位，是出入苏伊士运河的咽喉。由于该地区索马里国家动乱，很多人从事海盗行业，致使该地区海盗猖獗，所以亚丁湾又被称作"海盗巷"。

近年来，索马里海盗力量不断壮大，海盗人数已经发展到数以千计。途经亚丁湾、索马里海域的船舶频繁遭到海盗袭击或劫持。索马里海盗已成为一大国际公害，对国际航运和海上安全构成严重威胁。据联合国国际海事组织统计，2008年以来，索马里附近海域已经发生120多起海上抢劫行为，超过30艘船只遭劫，600多名船员遭绑架。2008年9月25日，索马里海盗劫持了装载33辆主战坦克的乌克兰军火船。2008年11月15日，索马里海盗劫持了长330米的沙特阿拉伯巨型油轮"天狼星"号。2008年12

月17日，中国货轮"振华4"号在索马里沿海亚丁湾水域遭海盗袭击。最终，在各方共同努力下，登船海盗被逼退，30名中国船员成功脱险。目前，索马里海盗仍然控制着10多艘船只和200多名人质。

针对猖獗的海盗行动，索马里过渡联邦政府呼吁各国进入其领海打击海盗。目前，已有欧盟、美国、俄罗斯、印度等派出舰只在亚丁湾加强巡逻。2008年12月26日开始，根据联合国安理会有关决议并经索马里过渡政府同意，中国政府派海军舰艇赴亚丁湾、索马里海域执行护航任务。

● 波斯湾

波斯湾在印度洋西北部，位于阿拉伯半岛和伊朗高原之间，因为其丰富的石油资源和政治上的风云多变而举世闻名。我们常说的海湾战争中的"海湾"，指的就是波斯湾。

海湾地区相当富庶，这主要归因于该地区的石油资源。这里是世界上最重要的石油产区，有"世界油库"之称，其石油蕴藏量约占全球的2/3。波斯湾沿岸的沙特阿拉伯、伊朗、科威特、伊拉克和阿拉伯联合酋长国等，石油和天然气储量都位居世界前列，石油年产量更占全世界总产量的38%，具有重要的经济意义和战略意义。

二战后，随着石油的开发，海湾成了世界强国的觊觎之地，美国副总统切尼曾说："谁控制了波斯湾石油的流量，谁就有了对世界其他大多数国家的经济的钳制力。"为此，美国也寻找借口先后发动了两次伊拉克战争，企图控制海湾地区，占据该战略要地并保障自己的经济利益。

● 渤海湾

渤海，是深入中国大陆东北部、三面环陆的半封闭内海海域，具有大海湾的性质，因此通常被称为渤海湾，总面积有7.7万平方千米。这个"海湾"海域较大，近代海洋地理学界又将其西部海域、南部海域、北部海域分别叫作"渤海湾""莱州湾""辽东湾"。其中"渤海湾"沿岸以天津沿海为中心，河北大部分、山东少部分海岸带为南北两翼；"莱州湾"为山东半岛北部海岸线所三面环绕；"辽东湾"为辽西、辽东半岛西部海岸线所三面环绕；北起辽东半岛的老铁山角，向南经过庙岛群岛至山东半岛的蓬莱角，亦即辽东半岛最南端与山东半岛最北端之间，是渤海著名的"渤海海峡"。渤海海峡是作为内海的渤海与作为外海的黄海之间的分界线。

渤海的海底地势，从"渤海湾""莱州湾""辽东湾"三个海湾向渤海中央及渤海海峡倾斜，坡度平缓，平均坡度28°，平均水深18米，水深小于10米的浅海水域约占总面积的26%。尤其是沿岸海区，水深均在10米以内，其中辽河口和海河口附近，水深只有大约5米。渤海的最大水深是86米，位于渤海海峡北部老铁山水道南支的冲蚀谷底。

"渤海湾"是一个西部凹入大陆的浅水湾，据地质学研究认为，在距今约6.5万年前后，海水只在今渤海中心海域，海域较小，滨岸平原宽阔。在距今2.5万年前后，海水已越过今沧州地区；距今0.8万—1万年之间，渤海海域已与现代接近。至距今6000—5000年之间，气温比目前高2℃—3℃左右，海水上升，海域扩大到全新世的最大范围，现代的一些沿岸地区，当时均被海水淹没。在距今3000—2000年之间，整个渤海的自然面貌接近现代。

中华民族环渤海地区的先民，自古就是在渤海海域这样的海洋环境变迁条件下，创造和发展这一地区的海洋文化和整个中华民族的海洋文化的。

渤海湾西北部的北戴河等地是著名的旅游和度假区，天津作为港口城市所依托的天津港，是我国北方的重要大港，被国务院批准建设"北方国际航运中心"。国务院近年批准建设的"天津滨海新区"，就是渤海湾畔的一个新兴经济区。

渤海湾东北部辽东湾海域的大连港，是国务院批准建设的"东北亚航运中心"。

渤海湾的战略地位一直十分重要，历史上一直是华北海运枢纽，明清以来一直是京、津的海上门户。

渤海湾油气等资源丰富，为中国油气资源较丰富的海域之一，我国第二大油田——胜利油田就在该地区的海岸带滩涂和海域之中。渤海湾滩涂广阔，潮间带宽达3—7.3千米，淤泥滩蓄水条件好，利于盐业开发，历史上一直有许多著名的盐场。其中长芦盐场是中国最大的盐场，盐产量约占全国的1/3。

渤海湾内，尤其在河口海域，浮游生物和底栖生物多，为鱼虾洄游、索饵、产卵的良好场所，出产多种鱼、虾、蟹、贝。

近年来，环渤海地区经济获得了迅猛的发展，另一方面，渤海湾遭受到了严重的污染，成为我国污染最为严重的海域之一。

● 北部湾

北部湾是指我国南海北部雷州半岛、海南岛和广西壮族自治区及越南之间半环绕的海湾。

北部湾有南流江、红河等注入，由于沿岸河流不多，带入海湾中的泥沙较少，海水清澈。北部湾是我国大西南地区出海口最近的通路。重要港口有北海港、湛江港、防城港、钦州港和洋浦港等。

北部湾的资源丰富，因饵料丰富，盛产鲷鱼、金线鱼、沙丁鱼、竹荚鱼、蓝圆鲹、金枪鱼、比目鱼、鲳鱼、鲭鱼等50余种有经济价值的鱼类，及虾、蟹、贝类等，是我国优良的渔场之一。沿岸浅海和滩涂广阔，是发展海水养殖的优良场所，驰名中外的合浦珍珠（又称南珠）就产在这里。海底石油、天然气资源也很可观，沿岸河口地区分布有许多红树林。

我国北部湾地区地处华南经济圈、西南经济圈和东盟经济圈的结合部，是我国西部大开发地区唯一的沿海区域，也是我国与东盟国家既有海上通道、又有陆地接壤的区域，区位优势明显，战略地位突出。近年来这一地区的发展已经进入国家战略，这里将成为未来中国—东盟经贸一体化的前沿阵地，在中国的经济版图上将占据十分重要的地位。

● 世界著名的海峡

海峡，就是被夹在两块陆地之间，两端连接两大海域的狭窄的海洋通道。海峡的地理位置特别重要，不仅是交通要道、航运枢纽，而且历来是兵家必争之地。因此，人们常把它称之为"海上走廊""黄金水道"。

● 台湾海峡

台湾海峡是中国台湾岛与福建海岸之间的海峡。属东海海区，南通南海，长约300千米，宽不足200千米，最狭处位于福建省平潭岛与台湾新竹市之间，为130千米。天气晴朗时，站在大陆的海边，可以隐约看见澎湖列岛上的烟火和台湾高山上的云雾。

台湾海峡不单是台湾与福建两省航运纽带，而且是东海及其北部邻海与南海、印度洋之间的国际交通要道，东亚与东南亚之间主要的海上走廊。她不仅是海洋上重要的经济生命线，而且北起远连庙岛群岛、近接舟山群岛、中经台湾岛、南至海南岛，构成一条海上"长城"，为中国东南沿海的天然屏障，素有"东南锁钥""七省藩篱"之称，军事战略位置十分重要。

● 马六甲海峡

马六甲海峡是位于马来半岛与苏门答腊岛之间的海峡，是连接沟通太平洋与印度洋的国际水道，也是亚洲与大洋洲的十字路口。

马六甲海峡因临近马来半岛南岸的古代名城马六甲而得名。在15世纪末，马六甲城比威尼斯、亚历山大和热那亚等著名城市还要繁华。其西岸是印度尼西亚的苏门答腊岛，东岸是西马来西亚和泰国南端。马六甲海峡全长约1080千米，状似漏斗，西北部最宽达370千米，东南部最窄处只有37千米，水深25至150米。

马六甲海峡被人们称为"海上生命线"。无论在经济或军事上而言，马六甲海峡都是很重要的国际水道。它连接了世界上人口甚多的三个大国：中国、印度与印度尼西亚，也是西亚石油到东亚的重要通道。

每年约有10万艘船只通过海峡，占了世界海上贸易海运量的1/4左右。世界大港新加坡，就是因马六甲海峡的重要性应运而生的。

新加坡共和国由54个岛和9个礁滩组成，新加坡港是世界天然良港之一，随着马六甲海峡航运事业的发展而繁荣起来的新加坡港，不仅是东南亚最大的海港，也是仅次于鹿特丹、纽约和横滨的世界上第四大吞吐量的港口。新加坡是以港口而发展起来的现代化城市，这里被海洋环抱，气温高而不炎热的街道纵横，美丽清洁，四季花花争艳，绿草如茵，每年有大量的国际旅客前来这个花园般的城市参观游览，增加了这个城市的国际色彩。

● 直布罗陀海峡

直布罗陀海峡在西南欧的伊比利亚半岛与非洲大陆西北端之间，连接地中海与大西洋，是地中海沿岸国家通往大西洋的"咽喉"，和大西洋通往南欧北非和西亚的重要航道。

直布罗陀海峡全长约90千米。该峡最窄处仅14千米，其西端入峡处最宽，达43千米；最浅处水深301米，最深处水1181米，平均深度约375米。

直布罗陀海峡除了沟通地中海和大西洋外，还是地中海的"生命源泉"。在地中海深处，有一股较重、较冷和较咸的洋流，源源不断地向西流出地中海；而大西洋的表层洋流，则向东经过直布罗陀海峡进入地中海，为地中海源源不断地补充着海水。大西洋的这股洋流的流量，大于地中海深处的西向洋流，因此，直布罗陀海峡的存在为地中海避免成为一个萎缩的盐国，发挥着重要的"生命源泉"的作用。

● 白令海峡

白令海峡是亚洲大陆和北美洲之间的海洋的最窄处，位于亚洲东北端楚科奇半岛和北美洲西北端阿拉斯加之间。这是世界上最短的海峡交通要道，也是沟通北冰洋和太平洋的唯一航道。白令海峡长约60千米，宽35—86千米，平均水深42米，最大水深52米。

在距今1万年前的末次冰期之前，海水低于现在海面约100—200米，白令海峡作为"地峡"，曾是亚洲和北美洲间的"陆桥"，两洲的生物通过陆桥相互迁徙。

白令海峡水道中心线既是俄罗斯和美国的国界线，又是亚洲和北美洲的洲界线，还是国际日期变更线。

● 麦哲伦海峡

麦哲伦海峡位于南美洲大陆南端和火地岛、克拉伦斯岛、圣伊内斯岛之间，由地壳断裂下陷而成，长约563千米，宽3.3—32千米。1520年，葡萄牙航海家麦哲伦通过这一海峡，因此而得名。

受西风带的影响，麦哲伦海峡寒冷多雾，并多大风暴，潮高流急，多漩涡逆流，是世界闻名的猛烈风浪海峡。由于自然条件恶劣，不利于航行，所以这里一直是一个人迹罕至的海域。但在巴拿马运河通航前，却是沟通大西洋和太平洋的重要航道。

麦哲伦海峡被中部的弗罗厄得角分成东西两段。西段海峡曲折狭窄，最窄处仅3.3千米，水深较深，最深处达1170米。两侧岩岸陡峭、高耸入云，每到冬季，巨大冰川悬挂在岩壁上，景象十分壮观，每逢崩落的冰块掉入海中，会发出雷鸣般巨响并威胁船只航行。东段开阔水浅，主航道最浅处只有20米，两岸是绿草如茵的草原景观。

● 霍尔木兹海峡

霍尔木兹海峡介于西亚阿曼的穆桑达姆半岛和伊朗之间，东接阿曼湾，西连波斯湾，是盛产石油的波斯湾进入印度洋的必经之地，素有"海湾咽喉"之称，也被称为"石油海峡"。

霍尔木兹海峡自古就是东西方国家间文化、经济、贸易的枢纽。特别在海湾地区成为世界石油宝库之后，是波斯湾石油通往西欧、美洲、亚洲等世界各地石油需求量较大地区的唯一海上通道，具有十分重要的经济和战略地位。

● 千奇百怪的海底地形地貌

在辽阔的海洋上，分布着几个大陆板块和许许多多的美丽海岛。海岛形态各异、大小不一，宛如一颗颗璀璨的珍珠镶嵌在波光粼粼的大海之上。这些岛屿小的不足1平方千米，大的却有几百万平方千米。世界上的岛屿大约有5万多个，总面积达997万平方千米，约占地球总面积的十五分之一。

那么，地球表面70%以上的部分被海水覆盖，海水下面的海底是什么样子呢？是不是和陆地一样，有山脉、平原、盆地等不同的地形呢？答案是肯定的。海底有高耸的海山，起伏的海丘，绵长的海岭，深邃的海沟，也有坦荡的海底平原。

● 大陆架

《国际海洋法》给大陆架的定义是：大陆架是指邻接一国海岸但在领海以外的一定区域的海床和底土。沿岸国有权为勘探和开发自然资源的目的对其大陆架行使主权权利。

大陆架又叫"陆棚"或"大陆浅滩"。它是指环绕大陆的浅海地带。在地理学意义上，大陆架指从海岸起在海水下向外延伸的一个地势平缓的海底地区的海床及底土，在大陆架范围内海水深度一般不超出200米；海床的坡度很小，一般不超过1/10度；大陆架是大陆向海洋的自然延伸，通常被认为是陆地的一部分。

大陆架有丰富的矿藏和海洋资源，目前已发现的有石油、煤、天然气、铜、铁等20多种矿产，其中已探明的石油储量占整个地球石油储量的三分之一。大陆架的浅海区是海洋植物和海洋动物生长发育的良好场所，全世界的海洋渔场大部分分布在大陆架海区。还有海底森林和多种藻类植物，它们可以用来加工食品，制药和作为工业原料，这些资源的所有权属于沿海国家。

● 大陆坡

大陆坡是指向海一侧，从大陆架外缘较陡地下降到深海底的斜坡。它广泛展布于所有大陆架周缘，为全球性地形单元。大陆坡可以分为上下两界，上界水深多在100—200米之间；下界往往是渐变的，约在1500—3500米水深处，也有的下延到更深处。大陆坡宽度约为20至100千米以上，世界上的大陆坡总面积约2870万平方千米，占全球面积的5.6%。

由于河流径流和海洋作用，大陆坡沉积物中可含有丰富的有机质，沉积层深厚的地方具有良好的油气远景。锰结核、磷灰石、海绿石等矿产也分布在大陆坡上。此外，世界上一些重要的渔场，也往往形成在大陆坡海域。

● 大陆隆

大陆隆，也叫大陆裙，是位于大陆坡与深海平原之间的巨大海洋地质沉积体。大陆隆靠近大陆坡的地方较陡，接近深海平原的部分较缓，平均坡度为0.5—1度，水深在1500—5000米之间。大陆隆主要分布在大西洋、印度洋、北冰洋边缘和南极洲周围。在太平洋西部边缘海的向陆一侧也有大陆隆，但在太平洋周围的海沟附近缺失大陆隆。大陆隆的沉积物主要来自大陆的黏土及砂砾，厚度约在2千米以上。

● 大洋盆地

四周较浅而中部较深面积较大的大洋底称为大洋盆地，简称"洋盆"。

大洋盆地一般位于大洋中脊与大陆边缘之间，它的一侧与大洋中脊平缓的坡麓相接，另一侧与大陆隆或海沟相邻。

大洋盆地是大洋的主体，大多面积辽阔，深度2500—6000米不等。

世界大洋的大洋盆地总面积占海洋总面积的45%。海盆底部发育深海平原、深海丘陵等地形。

● 海沟与海槽

海沟是位于海洋中的两壁较陡、狭长的、水深大于5000米的沟槽，是大洋海底的一些最深的地方，最大水深达到10000多米。

海沟多分布在大洋边缘，而且与大陆边缘相对平行。地球上主要的海沟都分布在太平洋周围地区。世界大洋约有30条海沟，其中主要的有17条，属于太平洋的就有14条。环太平洋的地震带也都位于海沟附近。地球上最深、也是最知名的海沟是马里亚纳海沟，位于西太平洋马里亚纳群岛东南侧，深度大约11034米。1951年英国挑战者Ⅱ号在太平洋关岛附近发现了它。

小于海沟，宽度较大，两坡或其中一坡较缓的长条状海底洼地，叫作海槽。

● 大洋中脊

大洋中脊又名中洋脊，是隆起于大洋底的中部，并贯穿整个世界大洋，为地球上最长、最宽的环球性洋中山系。在太平洋的部分，其位置偏东，称东太平洋海隆；在大西洋的中脊则呈"S"形，与两岸近于平行，向北延伸至北冰洋中；在印度洋的中脊分3支，呈"人"字形。三大洋的中脊在南半球互相连接，总长达8万千米，面积约1.2亿千米，占世界海洋总面积的1/3。大洋中脊的少数山峰出露于海面形成岛屿，如冰岛、亚速尔群岛等。

大洋中脊是现代地壳最活动的地带，经常发生火山活动、岩浆上升和海中地震，水平断裂广布。根据海底扩张和板块构造学说，大洋中脊是洋底扩张的中心和新地壳产生的地带。熔融岩浆沿脊轴不断上升，凝固成新洋壳，并不断向两侧扩张推移。扩张的速度为每年向两边各扩张1—5厘米。

● 太平洋上的"国际日期变更线"

人们经常遇到这样的"怪事"：有一年，在俄罗斯远东地区的一个小镇上，有个邮政官于9月1日给远在太平洋彼岸的芝加哥邮局发了一份电报，可他随后收到的回电却说"8月31日收到来电……"。9月里拍的电报，却在8月收到，这让人简直莫名其妙。可是类似这样的"怪事"却在世界的东西两半球之间天天发生。

其实，这没有什么值得奇怪的。这是国际上对东西两半球之间的"日期"的一种"规定"。地球每天自西向东旋转，黎明、正午、黄昏和子夜，由东向西依次周而复始地在世界各地循环出现。地球上新的一天究竟应该从哪里开始，到哪里结束呢？因为不管哪个地方都有白天和黑夜，都可以说自己的家乡是新的一天开始的地方，但是谁也不能说服对方承认这一点。显然，如果没有一个统一的时间分界线来确定"昨天"和"今天"应该在哪"分手"，就会出现混乱和麻烦。随着世界上人类社会的发展，国际交往更加频繁，需要找不出一个国际上公认的方法来"规定"世界上不同地区的"日期"。

1884年的一天，世界各地的代表聚集一堂，举行了国际经度会议。代表们要确定一条国际日期的变更线，即划分出一条"昨天"和"今天"的分界线，以便全世界的人们掌握一个共同的"日期"时间标准。这条分界线就是现在的国际日期变更线。

为了找到一条对人类日常活动影响最小的地方作为国际日期变更线，代表们不约而同地把目光集中到了世界上最大最辽阔的太平洋上，尤其是太平洋中部的180度经线上。这条经线除了在北半球穿越俄罗斯偏远的楚科奇半岛，在南半球经过一些人烟稀少的群岛外，再也没有人居住的陆地和岛屿了，在这儿变换日期实在是最合适不过了。这条线上的子夜，就是当地时间的"零点"，只不过在线东是头一天的零点，而线西则是当天的零点。按照规定，凡是向西超过这条线的轮船和飞机等都要加一天；向东穿线时，则要减去一天，以便和当地的日期相符。

显然，俄罗斯远东地区与太平洋彼岸的美国正好跨越太平洋上的这条"国际日期变更线"。上述俄罗斯远东地区小镇上那位邮政官于"9月1日"给太平洋彼岸的美国芝加哥发电报，对方收到电报的时间自然是"8月31日"。只要知道太平洋上有一条"国际日期变更线"，也就不会感到莫名其妙了。

神奇的海洋现象

● 五颜六色的海水

"海水是蓝的。"这是大多数人的常识。的确，站在海边，极目远望，大海是蓝色的。然而，当你舀起一盆海水观察，你会发现海水是无色透明的。大海的蓝色是从何而来的呢？

海水的颜色主要是由海水的光学性质，即海水对太阳光线的吸收、反射和散射造成的。我们知道：太阳光是由红、橙、黄、绿、青、蓝、紫七色光复合而成，七色光的波长长短不一，从红光到紫光，波长由长渐短，其中波长最长的红光、橙光、黄光穿透能力强，最易被水分子所吸收。波长较短的蓝光、紫光穿透能力弱，遇到纯净海水时，最易被散射和反射。又由于人的眼睛对紫光很不敏感，往往视而不见，而对蓝光比较敏感。于是，我们所见到的海洋就呈现出一片蔚蓝色或深蓝色了。

如果打一桶海水放在碗中，则海水和普通水一样，是无色透明的。其实海水看上去也不全是蓝色的，而是有红、黄、白、黑等等，五彩缤纷。因为海水颜色除了受以上因素影响外，还会受到海水中的悬浮物质、海水的深度、云层等其他因素的影响，所以在不同的情况下，会看到不同颜色的海。

让我们来看看世界上五颜六色的海水吧。

● 红海："海水是红的"

红海位于亚非大陆之间的裂缝地带，它的面积45万平方千米，东西长2000多千米，而宽只有200—300千米，是一条狭长的海。

红海的名称由来已久。古时腓尼基人航行至这里时，看到海水朦胧地泛红，一旦暴风雨来临，沙漠上尘土飞扬，使海面显得更红。所以腓尼基人称其为红海。

其实，红海的红也只是人们近距离视觉中的红，当人们远距离鸟瞰红海的时候，整个海面大部分也是蓝色的，只有个别海域略显红色。那么，这种红色又是从哪里来的呢？

位于非洲东北部和阿拉伯半岛之间的红海，处于世界性的沙漠地带，气候酷旱，没有一条河流注入该海，只有从曼德海峡倒流来的印度洋海水作为补充。所以，红海是世界上最咸、最热的海。夏季表层水温超过30℃。红海温度高，适宜海藻生物的繁衍，所以表层海水中大量繁殖着一种红色海藻，大批死亡后呈红褐色，映衬出海水的红色来。而且藻类死亡之后，便漂浮在水面上，使红海直接呈现出红色。红海由此而得名。所以说，红海的水并非红的，其红色是反衬出来的。

● 黑海：“海水是黑的”

黑海是欧洲东南部和亚洲小亚细亚半岛之间的内海。是世界上最大的内陆海。黑海的水是否真的是黑色的？

古时候，黑海两岸的希腊人、波斯人和土耳其人，以不同的颜色来代表东、西、南、北四个方向。他们以黑色代表北方，于是就称北方那个海为黑海。后来，人们却逐渐地对黑海海水的颜色也产生了兴趣。在平常情况下，黑海也呈现出蓝色。但在阴天的时候，海水变暗。所以有人认为黑海只是一种视觉上的黑。黑海的海水有个特点，就是上下层海水不能对流。海水不能对流使含氧丰富的深层海水不能通过，海底有机质缺氧便淤积成黑泥。遇上风暴天气，乌云翻滚，海上大风把海底淤泥翻卷上来，搅浑海水，海水便显得更暗更黑。

另外，由于地质史上的原因和现实的原因，黑海已基本断绝了咸度来源，只是不断地接收淡水，逐渐变成了一个内陆淡水湖。海水除了自然蒸发外，别无其他流通办法，只得听天由命，使黑海底部的堆积腐烂物越来越多，呈现出黑泥状。

由此不难看出，黑海的水其实并不黑，它的黑色只是海底淤泥衬托的结果。在正常天气里，黑海是色黑而水清。

● 白海："海水是白的"

在欧洲北部，北冰洋深入俄罗斯北部的一片海域叫白海。为什么叫白海？那里的海水真是白颜色的吗？

说来也真挺有趣儿，白海看上去果真是一片洁白。然而，它的海水却与其他海水没什么两样，也是无色透明的，并不是白色的。

原来，白海实际上是巴伦支海的一个大海湾。那里属于北太平洋的一个边缘海，气候异常寒冷，一年中有 200 天以上覆盖着冰层，很少见到海面上常见的那种汹涌澎湃的波涛。举目望去，只见海面上白雪覆盖，无边无际，光彩夺目。一年之中，白海解冻的时间不到1/3，大半的时间里，它都是一片银装素裹的白色世界。

● 黄海："海水是黄的"

我国的黄海，看上去一片黄绿，这是因为古代黄河夹带的大量泥沙将海水"染黄"了。虽然现在黄河改道流入渤海，但黄海海岸大部分是泥质海岸，近海海域的海底原本是黄河泥沙冲积造陆的结果，加之这一仍然还有淮河等河水泥沙注入，波浪翻滚的海水不断把海底泥沙搅起，故海面一直呈浑黄色或浅黄色。

● 五颜六色的沙滩

大海和陆地的交界处往往会形成沙滩。沙滩看似大同小异、平淡无奇，但实际上并非如此，就以色彩而论，它的丰富就远远超出人们的想象。沙滩都有哪些颜色？这些色彩绚丽的沙滩分布在哪里？它们又是怎么形成的？请和我们一起走近彩色沙滩，去了解它们独特的秘密。

● 金沙滩

人们对沙滩的一般印象是：细小均匀的沙粒在阳光下呈现出柔和的金色，看起来平滑舒畅，踩上去绵软舒适。为什么大多数的沙滩都是金色的呢？这和构成沙滩的沉积物有关。沙滩沉积物的重要来源是河流携运来的沉积物、沿岸侵蚀来的物质和来自海底的泥沙，而它们的主要成分是石英、长石和方解石。石英的硬度较高，而且很难发生化学反应；长石和方解石的硬度比石英低，还易发生化学分解。因此在经过海水的溶蚀、分解后，沙滩沉积物中留下的绝大部分都是石英砂了，可以占到总沉积物的95—98％，所以我们看到的沙滩的颜色基本就是石英砂的颜色。石英砂的颜色以乳白、淡黄为主，黄白掺杂在一起，一眼看上去就是金色的沙滩了。

但实际上，沙滩有着种种不同的类型和特质，绝不是一般人想象的那样单一。

● 银沙滩

即白沙滩。其实，有很多海岸带的沙滩是白的。人们为了与黄色的"金沙滩"相对应，也将白沙滩叫作"银沙滩"。例如我国山东半岛南部的乳山海岸，有很长的海岸线的沙滩就是白色的，当地有个村镇，就叫作"白沙滩镇"。近年来乳山市把这一带开发成了国家级滨海旅游度假区，将其命名为"银滩旅游度假区"，并以"天下银滩"相称。

我国以"天下银滩"相称的，还有广西北海的银滩。

南美巴西里约热内卢的科巴卡巴纳沙滩，也是著名的白色沙滩。长4.5千米，宽数百米，成为人们滨海旅游度假的热选。

白色的沙滩是怎样造成的呢？这自然是大海潮汐、海浪成千上万年不断撞击、冲刷白色岩石海岸的结果。潮汐、海浪以巨大的能量不断冲击海岸，使岩石遭到破坏。尤其是存在着裂隙或节理的岩石，海浪冲击岩石的同时将岩石裂隙中的空气压缩，然后海水退却压力骤减，就会产生爆炸般的力量。这一过程不断重复，白色的岩石不断崩塌、破碎。岩石的碎屑被激浪携裹着前拥后退，不断地相互碰撞、打磨，最终在适宜的地方堆积下来，然后是继续年复一年、日复一日的反复冲刷和淘洗，所以逐渐成为堆积成片的细致晶莹、犹如一粒粒白砂糖一般的白色细砂，亦即银色沙滩。

● 黑沙滩

除了石英、长石和方解石，构成沙滩的"原料"还可能含有云母、角闪石、石榴子石、磁铁矿、绿帘石、金红石、黄玉、电气石等，只是这些矿物的含量一般都很低，所以对沙滩颜色的影响并不显著。不过，在一些特殊的情况下，某种有色矿物在沙滩中含量变得特别高，沙滩的颜色就要发生变化了。比如在火山活动频繁的地方，经常会出现黑色的沙滩，如夏威夷的大岛和毛伊岛、波利尼西亚的塔希提岛、马来西亚的关丹等。

夏威夷大岛著名的普纳鲁乌黑沙滩，就是由于火山运动造成的。夏威夷大岛是一个活火山岛，整个岛屿由五座火山组成，其中基拉韦厄火山是世界最大的活火山，直到现在每天都有小规模的喷发。走到大岛的海边会发现，眼前是一片黝黑的沙滩，这就是著名的普纳鲁乌黑沙滩。火山喷发时，炙热的熔岩流涌入海水，在海水的冷却下它的外壳迅速结块变硬，海水则受热变成了大量的过热蒸汽。熔岩流的外壳承受不住内部蒸汽的张力，分崩离析，就会破碎成熔岩碎片。熔岩碎片的主要成分是磁铁矿、辉长岩这类富铁的镁铁矿物，因此呈现黑色。此后，熔岩碎片在海岸边堆积，又经过海浪、潮汐多年的侵蚀、打磨，最终变成了黑色的沙粒。

● 红沙滩

红沙滩较为罕见，但也有一些。夏威夷毛伊岛的沙滩就是红的，一片砖红，有人说它荒芜得有如月球。还有希腊的圣托里尼岛等地，那里的沙滩也是红的。

世界上有些岛屿、海岸的火山岩是红色的。火山长期不活动之后，地表的火山石就会逐渐风化，原来的火山岩中黑色的磁铁矿在漫长的岁月中会被氧化为砖红色的化合物，这就是红沙滩红色沙粒的来源。

● 绿沙滩

这同样是火山石与海浪、潮汐的作用的产物。

火山爆发过程中会发生一系列的物理、化学反应，使一些深藏在地壳中的物质分解、重组，生成平时较为罕见的矿物。橄榄石是火山熔岩中一种常见的物质，但平日里我们却把它视为宝石，称之为"宝石""祖母绿""钻石"。如果有这样一片沙滩，橄榄石是构成它的主要成分，那么的美丽一定会令人叹为观止。

夏威夷大岛最南部的Papakolea沙滩，就是这样一片的沙滩，是地球上少有的绿沙滩。这是造物主最杰出的作品之一。站在山顶远眺这片绿沙滩时，你会觉得，整个绿沙滩仿佛一块细腻的碧玉。走上沙滩，捧起绿沙细看，沙粒璀璨晶莹得犹如宝石一般。

● 粉沙滩

粉红色是最女性化的颜色，提到它总会让人想到美丽的少女，很难把它和沙滩联系在一起。而在西印度群岛世外桃源般的岛国巴哈马，却有一片娟秀绮丽的粉沙滩。

巴哈马群岛由700多个珊瑚岛构成，这些岛屿大都比较平坦，岛的表面上覆盖着一层磨碎的珊瑚粉末：珊瑚沙和珊瑚泥。由于远离古海岸带，海浪很难把海底松散物质带到珊瑚岛上，而珊瑚岛本身的土壤并未发育。因此，珊瑚岛上的沙滩，通常也是由珊瑚粉末构成的。经过磨损和风化的珊瑚粉末，在海浪中反复淘洗，使这里的"沙子"呈现着白色和粉红色混杂在一起的颜色。

粉色沙滩，是海洋与海岸大自然力量的美妙杰作。

● 大海的呼吸——潮汐

在海滨的岸边、沙滩上，经常会有不少人弯着腰，或蹲在那里，捡拾各种漂亮的贝壳，有时还能捡到海藻或海蜇、海星、海胆、鱼虾、螃蟹，这是人们在"赶海"。可是过了一段时间，慢慢地，海水又把沙滩淹没了。人们不得不后退、撤离。如果有风浪，海浪是吐着白色的泡沫，翻腾着向岸边扑来的，你也许会以为，这是风浪把海水推上来的，但即使没有风浪，甚至连一丝微风也没有，海水照样会慢慢"升高""涨满"，慢慢地"爬"上海滩来。过了一些时间，甚至在人们不经意之间，海水又悄悄地退了回去，又露出了人们原来赶海的海岸，或是宽度平坦的沙滩。原来，海水每天都是按照差不多相同的时刻，有规律地涌上来、又退下去，再涌上来、再退下去的。

人们把这种海水的定时涨落现象叫作"涨潮"和"落潮"。有些海区，是每天各有一次"涨潮"和"落潮"，就像每天各有一次白天和晚上，因此，人们给白天的海水涨落叫"潮"，夜晚的海水涨落叫"汐"。有些海区，是每天各有两次"涨潮"和"落潮"，即有两次"潮"和"汐"。总括起来，人们把海水水位有规律的涨落现象叫作"潮汐"。

● 海洋为什么会有潮汐

海洋为什么能遵守时间地涨落呢?

原来，这是月亮和太阳对海水的吸引造成的。宇宙中一切物体之间都是相互吸引的，引力的大小同这两个物体质量的乘积成正比，同他们之间距离的平方成反比。月亮和太阳对地球的引力，在陆地和海洋两部分的任何一点上都是一样的。但是，由于陆地地面是固体的，引力带来的表面变化不容易看出来，而海水是流动的液体，在引力的作用下，它会向吸引它的方向涌流，所以形成明显的涨落变化。

太阳虽然比月亮大得多，可是它和地球之间的距离毕竟太远了，所以月亮对海水的吸引力要比太阳大得多。海水涨落的主要动力是月亮的引力。地球上，面对月亮的这一面接受月亮的引力，引力的方向是指向月亮中心的。而背着月亮的一面，则产生了相应于引力的离心力。引力和离心力都会引起海水涌流方向的变化，造成不同海区水位不同的变化，使得面对月亮或背着月亮的地球两侧的海洋水位升高，出现涨潮；与此同时，位于两个高潮之间的部位的海水，由于向涨潮的地方涌去，便会出现落潮。这就是说，世界各地的海洋，具体的方位不同，涨潮和落潮的时间是不同的。

地球在不停地自转，对某一个地方来说，每天都要面向月亮一次和背向月亮一次，所以一般来说，要出现两次涨潮和两次落潮。太阳对海水的引力虽然小，可是也有一定的影响。主要由于月亮的引力而引起的潮汐现象，因为太阳引力的参与，太阳引力和月亮引力共同发挥作用，就使得海水的涨落过程变得复杂了。

在中国海区，农历每月初一或十五的时候，地球和月亮、太阳几乎在同一条直线上，日、月引力之和使海水涨落的幅度较大，叫大潮；而当农历初八和二十三的时候，地球、月亮、太阳三者之间的相对位置差不多成了直角形，月亮的引力要被太阳的引力抵消一部分，所以海水涨落的幅度比较小，叫小潮。涨潮落潮的次数、潮的大小，还要受海岸地形、气候等各种因素的影响。

所以，有的地方一天有两次涨潮，两次落潮；有的地方只有一次涨潮，一次落潮。前者叫半日潮，后者叫全日潮。还有的地方潮水涨落情况要更复杂一些。如果两个相邻的高潮之间和相邻的低潮之间，时间不均等，这叫作混合潮。

我国海区杭州湾的钱塘江潮，就是由于受海岸地形的影响而形成的一种特殊类型的涌潮。钱塘江口宽100千米，而江道河面仅宽四五千米，呈喇叭口状。涨潮时，海水溯河而上，受两岸渐狭的江岸束缚，形成涌潮。河口底部因泥沙沉积而隆起形成的"沙堤"，更激起潮水上涌，形成雄踞江面的一道水墙，怒浪排空，如万马奔腾，十分壮观。

人们认识了海水按一定时间涨落的规律，就可以利用潮汐的能量，修建电站，提供无污染的能源。利用潮汐发电，在世界上已经比较普及，规模大小不等的潮汐电站，在世界各地都已有修建。法国朗斯河口的潮汐电站于1961年开始建设，1967年竣工，发电能力24万千瓦。我国在山东省乳山市等不少地方，也成功地修建了潮汐电站。

● 揭开潮汐秘密的古代中国人

潮汐这一神奇的海洋现象，引出了古今中外许多美妙的神话传说，同时也引起了众多科学家研究探索的兴趣。我国是历史上研究、探索、揭示潮汐之谜的最早的国家之一。在先秦文献里，就有潮汐的记载。东汉时期的著名哲学家王充，对许多自然科学问题有独到的见解。王充从小在钱塘江南岸长大，对钱塘大潮兴趣浓厚，多年的观察和思考，使他发现潮汐的涨落和大小，都与月亮的圆缺有关。他在著名的《论衡》一书中说："涛之起也，随月盛衰，大小满损不同。"晋时的著名科学家葛洪，对潮汐现象也进行了长期的观察研究，在《抱朴子》一书中也明确写道："海涛嘘吸，随月消长。"指出了潮汐现象与月亮有直接关系。唐朝的科学家窦叔蒙，有专门的著作《海涛论》。唐宋之后，不少科学家研制了"潮汐表"，精确地推算出来我国的大部分海区，尽管"潮""汐"的具体时间各地不同，但每日一潮一汐，总是间隔12小时25分，则准确得就像天文钟表一样。

● 无风三尺浪——海浪

"无风三尺浪"，是人们对海洋的描绘。在广阔的海洋上，即使在无风的日子里，大海还在那里波动着。这是不是同"无风不起浪"矛盾呢？不是。

原来，海洋面积巨大，水量浩瀚，风虽然停了，大海的波浪还不会马上消失。何况，别处海域的风浪也会传播开来，波及无风的海面，因此，"风停浪不停，无风浪也行"，是海洋的普遍现象。在无风的海区的海浪叫涌浪，又叫长浪。

比起有风的海区的风浪来，无风海区的涌浪一起一落的时间长，波峰间的距离大，波形长，有的波速还很大，能日行千里，远渡重洋。西印度群岛小安的列斯群岛加勒比海海岸的居民常常会发现高达6米多的激浪拍打岸边，这时加勒比海并没有什么风暴，似乎是个无法解开的谜。海洋科学家们经过长期的观察研究才发现，这是来自大西洋中纬地区的风暴传来的涌浪。

海上风暴所引起的巨浪，传到风力平静或风向多变的海域时，因受空气的阻力影响，波高减低，波长变长，这种波浪的传播速度，比在风暴中心的移动速度反而快得多。如果说风浪可以追赶军舰的话，那么，涌浪就可以同快艇赛跑了。因此，涌浪总是跑在风暴前头。人们看到涌浪，就知道风暴快来啦。"无风来长浪，不久狂风降""静海浪头起，渔船速回避"，这是我国沿海渔民的谚语，是观天测海经验的概括。

飓风和台风更会掀起涌浪。当台风风速同潮水波浪的推进速度接近时，会产生共振作用，推波助澜，把涌浪越堆越高。当大涌浪传到海岸时，由于岸边水浅，波浪底部受海底的摩擦，波峰比波谷传播得快，波峰向前弯曲、倒卷，水位猛烈上升，甚至冲上海岸，席卷岸边的建筑物和船只，造成灾难。

海底火山爆发和地震更会引起涌浪，这样的涌浪传播的速度更快了。1960年5—6月间，智利沿海海底发生了200多次大大小小的地震，5月22日下午爆发了新的强烈地震，波及15万平方千米地区，一些岛屿和城市消失了，全国三分之一的人口受到影响。地震又引起海啸，智利沿岸500多千米范围内，涌浪高10米，最高达25米，使南部320千米长的海岸沉进海洋中。5月23日，远隔智利的日本群岛东海岸平静安谧，尽管人们已经得到智利地震的消息，但人们认为智利"远在天边"，与日本无关。谁知20个小时后，排山倒海般的涌浪，远涉重洋到达夏威夷群岛、菲律宾群岛和新西兰，抵达日本群岛海岸。在涌浪袭击下，有1000多户房屋被卷走，20000万公顷土地被淹没，不少渔船被掀到了岸上。远离智利16000千米的勘察加半岛以东海面，也掀起了汹涌的浪涛。这是智利地震引起的海啸涌浪。它以时速800千米横渡太平洋，来到这些地方。

● 海雾弥漫之谜

沿海的人们，尤其是和海打交道的人们，经常会遇到海面上白茫茫的大雾弥漫，甚至浓得对面不见人。对此，行船的人一筹莫展，不敢出海。已经在海上航行的船只需要特别小心，也有相互碰撞的危险性，每年发生在雾海中的碰撞沉船事故不少。

每当春夏季节，海雾更为频发。海雾是怎样形成的呢？

"雾"，是低层大气的一种凝结现象，在陆地上和海面上都经常见到。因为海面上水汽更重，所以海雾更为常见，而且往往比陆地上的雾更浓。海雾，就是海面上的底层空气中凝聚结集的无数细小的水滴。海雾是在特定的海洋水文状况和气象条件下形成的。第一，海雾经常发生在那些可以满足成雾条件的海区，并不是所有的海区都经常有雾；第二，海雾的生成和分布具有很强的区域性和季节性。

海雾往往是在春夏季节，一些海区在空气既增湿又降温的条件下生成的。增湿主要靠风场和低压系统向海面上输送水汽，降温主要因海洋湍流的冷却变化，两者合力，使空气达到过分饱和状态，从而形成海雾。

海雾在海上形成后会随风逐流，向风的下游扩展、蔓延。尤其是在近海沿岸地区，海雾往往弥漫于海岸地带，而且可以深入陆地达几十千米。海雾遇到新的环境条件影响，就会变性消散，或变成低云。而在沿海地带，虽然登陆的海雾可以不断消散，但又会有海面上不断生成的新的海雾补充进来，所以沿海地带有时海雾会持续几天。

海雾有多种。按雾生成的物理过程和冷却原因，具体分为"平流雾""蒸汽雾""混合雾""雨雾"和"辐射雾"。

"平流雾"是暖水面在与冷海面发生热量交换时，使底层暖空气达到饱和状态，水滴在低空聚集形成的雾，一般在300—400米的空中。这种雾浓、范围大、持续时间长，多生成于寒冷区域，春季多见于太平洋的千岛群岛和大西洋的纽芬兰附近海域。雾团半径在几千米到几十千米，大的可达上百千米，随风漂移，时断时续，时淡时浓，持续时间也长，短则几小时，长则十几天。我国春夏季节，东海、黄海区域的海雾多属于这一种。

"蒸汽雾"，就是通过水汽蒸发形成的。当冷空气流经暖水面时，水温高于气温，海面水气压大于空气水汽压，海面强烈蒸发，水汽凝聚物在低空聚集多了，就形成雾，多发生在高纬度的北冰洋及邻近海域。

"混合雾"，是海洋上两种温差较大且又较潮湿的空气混合后产生的雾。混合雾因风暴活动产生了湿度接近或达到饱和状态的空气，冷季与来自高纬度地区的冷空气混合形成冷季混合雾，暖季与来自低纬度地区的暖空气混合则形成暖季混合雾。往往出现在北大西洋和北太平洋的副极地海域，在海岸和港口附近多发生在早春季节。

"雨雾"，是随同降水而来的雾，浓度往往很大，对航海的威胁仅次于平流雾，高度在460米左右。

"辐射雾"，是白天因海水蒸发或浪花破碎，将大量的盐分子输送到空中，待到夜间盐层辐射冷却强烈，致气温下降，空气饱和成雾。这种雾白天停留在低空，宛如低云，夜间下沉海面。

这些海雾种类，以"平流雾"和"蒸发雾"居多，对航海的影响也最大。

海雾是海上行船作业的大敌，但有时候又可以给人带来好运，转危为安。第二次世界大战时，海雾就曾经拯救了30多万盟军。那是第二次世界大战的开始阶段，法西斯德国军队曾猖獗一时，在各个战场上占据主动。1940年5月24日，德军在法国北部包围了英、法、比利时三国的盟军部队33.8万人。盟军面临后面有德军追击，天空有德军飞机狂轰滥炸，前面又有波涛汹涌、水宽流急的多佛尔海峡拦住去路的危险境地，紧急拼凑了800多艘各种船只，决定自5月27日开始由敦刻尔克经过多佛尔海峡撤退。头三天，在德军飞机不断轰炸下，每天仅可撤走不足万人，德军的坦克又不断逼近，形势相当危急。但到了5月30日，海上突然弥漫浓浓的大雾，笼罩了多佛尔海峡，使德军飞机看不清下面的轰击目标，毫无办法。盟军抓住这一有利时机，争分夺秒撤退转移，当天就撤走了5万多人。浓雾持续了两个昼夜，盟军大部得以撤离。直到6月4日，盟军的33.8万人全部逃出了德军的魔掌，转危为安了。

我国大陆海岸线南北长达1.8万多千米，跨温、热两个气候带，海中分布着大小5000多个岛屿，使雾的性质、地理分布、季节变化更加复杂。我国沿海、近海的雾集中分布在黄海、东海、台湾海峡以西及华南沿海一带，北纬15度以南没有雾。冬季，东中国海朔风怒吼，波涛汹涌，北方海域不能形成海雾。南海的雾出现在每年的12月至第二年的4月，以2、3月为最重。这时候东中国海的雾也开始日渐增多。福建沿海，台湾海峡以每年2—5月为雾季，其中3、4月最为厉害。6月，长江下游梅雨开始，为东海形成了更多的雨雾。入夏，南海、东海盛行东南风，为热带海洋气团控制。此时黄海海雾大作，自6月而后7、8月雾天频率达到最高。到了夏季，黄海上的雾生成了，最盛在6、7月，月均有雾超过10天。

海雾有其自身的消、长规律，掌握了这些规律，海雾也不那么虚无缥缈了。随着海洋气象科学技术的发展，从大陆地面、海中岛屿的气象站到空中的卫星，对全球大气进行监测，"天有不测风云"已成历史，对海雾的预报，尽管影响因素太多、太复杂，也已经越来越准确，可谓"了如指掌"了。

● 海洋上最强烈的风暴——台风

"台风"，也就是"飓风"，是海洋上一种最为猛烈强暴的风。它是产生于热带洋面上的一种强烈热带气旋。其发生地点、时间不同，各地有不同的叫法。印度洋和在北太平洋西部，国际日期变更线以西，包括南中国海范围内发生的热带气旋称为"台风"；而在大西洋或北太平洋东部的热带气旋则称"飓风"。也就是说，台风在欧洲、北美一带称"飓风"，在东亚、东南亚一带称为"台风"；在孟加拉湾地区被称作"气旋性风暴"；在南半球则称"气旋"。

台风经过时常伴随着大风、暴雨或特大暴雨等强对流天气。台风的风向，在北半球地区呈逆时针方向旋转，在南半球则为顺时针方向。台风中心为低压中心，以气流的垂直运动为主，呈现为风平浪静，天气晴朗的"假象"，而中心的外沿，则是漩涡风雨区，风大雨大，猛烈异常。

台风是怎样形成的呢？原来，热带海面受太阳直射而使海水温度升高，海水蒸发提供了充足的水汽，水汽在抬升中发生凝结，释放大量潜热，促使对流运动的进一步发展，令海面上气压下降，造成周围的暖湿空气流入补充，然后再抬升，如此循环，影响范围不断扩大，可达数百至上千千米，形成强大猛烈的空气涡旋。这就是台风。

台风是快速度移动的。由于地球由西向东高速自转，致使台风的气流柱和地球表面产生摩擦，越接近赤道摩擦力越强，这就引导气流柱在赤道以北逆时针旋转，赤道以南顺时针旋转，由于地球自转的速度快，气流柱跟不上地球自转的速度，因此在地球表面看来，台风是行走的，而且"走"的速度很快。台风所经之处，常常带来狂风暴雨，形成扫荡之势，引起海面巨浪，掀翻海上船只，在海岸上不断撞击的大浪，根据不同区域的海况和地形不同，呼啸拍岸，可达几米、几十米之高，登陆后推倒房屋、树木、海岸建筑，并能引起强烈的风暴潮，使沿岸海水陡然增加，给城市、港口、滩涂和人们的生命财产造成大的破坏。

台风是一种破坏力很强的灾害性天气系统。然而，凡事都有两重性。台风一方面往往给人类带来灾害，但假如没有台风，人类将难以生存，文明将难以发展。科学研究发现，台风对人类起码有如下几大好处：其一，台风这一热带风暴为人们带来了丰沛的淡水。台风给中国沿海、日本海沿岸、印度、东南亚和美国东南部带来大量的雨水，约占这些地区总降水量的1/4以上，对改善这些地区的淡水供应和生态环境都有十分重要的意义。其二，靠近赤道的热带、亚热带地区受日照时间最长，干热难忍，如果没有台风来驱散这些地区的热量，那里将会更热，地表沙荒将更加严重，同时寒带将会更冷，温带将会消失。我国将没有昆明这样的春城，也没有四季常青的广州，"北大仓"、内蒙古草原亦将不复存在。其三，台风最高时速可达200千米以上，所到之处，摧枯拉朽，这巨大的能量既可以直接给人类造成灾难，但也全凭着这巨大的能量流动，使地球保持着热平衡，使人类安居乐业，生生不息。其四，台风还能增加捕鱼产量。每当台风吹袭时翻江倒海，将江海底部的营养物质卷上来，鱼饵增多，吸引鱼群在水面附近聚集，渔获量自然提高。

每次台风都有一个名字。这些名字是根据什么取的呢？人们对台风的命名始于20世纪初。据说，首次给台风命名的是20世纪早期的一个澳大利亚预报员，他把热带气旋取名为他不喜欢的政治人物，借此，气象员就可以公开地戏称它。在西北太平洋，正式以人名为台风命名始于1945年，开始时只用女人名，以后据说因受到女权主义者的反对，从1979年开始，用一个男人名和一个女人名交替使用。我国以往使用的是台风编号，每年从一号台风开始，依次是二号台风、三号台风等。1997年11月25日至12月1日，在香港举行的世界气象组织台风委员会第30次会议决定，西北太平洋和南海的热带气旋即台风的命名，从2000年1月1日起开始使用新的命名方法。新的命名方法是按照事先制定的一个命名表，然后按台风发生的先后顺序，年复一年地循环重复使用。命名表共有140个名字，分别由亚太地区的柬埔寨、中国、朝鲜、中国香港、日本、老挝、澳门、马来西亚、密克罗尼西亚、菲律宾、韩国、泰国、美国和越南共14个成员国和地区提供，每个国家或地区提供10个名字。

这 140 个名字分成 10 组，每组 14 个名字，按每个成员国英文名称的字母顺序依次排列，按顺序循环使用，这就是西北太平洋和南海热带台风的命名表。

● 地球上最强大的自然力——海啸

"海啸"，是由于地震或风暴而造成的海面巨大涨落现象。按照它的形成原因，可以分为地震海啸和风暴海啸（气象海啸）两类。

地震海啸是由于海底地震（海底火山爆发或海岸附近地壳变动），地壳的强烈震动搅动了海水，使海面上掀起巨大的呼啸翻滚的波涛。海啸发生时，在外海波浪并不显得很高，而传到靠近海岸时，由于海水深度减小，波浪陡然升高，有时高达二三十米。海浪冲上陆地，就会造成巨大的破坏，使港湾建筑、生产及人民生命财产遭到损失。地震有时会造成滨海山体的崩塌或滑坡，巨大的岩体跌入海中，会越发增强海啸的威力。海啸的波速是很高的，一小时可以传出几十到几百千米。1960 年智利海底地震所引起的海啸，很快就传出 10000 多千米，使远在太平洋西岸的日本也受到严重损失。

美国阿拉斯加州太平洋沿岸有一个很小的海湾，位于北纬 58 度，叫理查湾。1958 年 7 月 9 日下午 10 点钟的时候，理查湾风平浪静，万籁无声，完全沉浸在苍茫的暮色里。但是一场巨大的海啸突然袭来，排山倒海似的狂浪猛地扑向海岸。在理查湾口外的渔船，还没有来得及驶进湾内，就被狂涛恶浪吞没了。停在海湾里的两条渔船里的人侥幸从死神那里逃了出来，成了目睹这场骇人的海啸的目击者——他们听到从海湾深处传来惊天动地的隆隆声，波涛涌了过来，紧接着，滔天大浪向渔船猛扑过来，只见大浪的前部陡峭得像一堵高墙，高度大约有 15 米到 20 米，把可怜的小船一下子抛到半天空。固定渔船的缆绳被扯断了，小船像一片小小的树叶，在山一样的波浪中被抛来抛去。渔船里的人紧紧抓住船帮，终于逃过一劫。二三十分钟后，海面恢复了平静。海湾远处成片成片漂浮的圆木，缓缓地向海湾口外漂去。那些圆木都是岸上连根拔出的树，很奇怪，枝叶完全削尽，就连树皮也多被大浪剥得干干净净。

第二天，即 7 月 10 日凌晨，一架美国地质调查所的专用飞机飞临理查湾上空。地质调查所要对比发生海啸前后当地情况的变化。他们发现附近的理查冰川完全改观，这条冰川比原来后退了 300 多米，在冰川前部形成一个又陡又高的冰壁；他们还观察到了山崩，有一个高度有900多米的悬崖全部崩坍下来，落入海里。海湾四周山坡上的森林，被海浪洗劫。一片森林连根带土一齐被大浪冲倒，树木在强力的水流冲击和彼此摩擦中被弄得枝叶全无，树皮尽脱，并顺着海流向海湾外漂去。经过测量，这次海啸海水冲击山坡的高度为520米，比历史上这里曾经出现过的最大海啸要高出七倍。

巨浪的呼啸，往往以摧枯拉朽之势，越过海岸线，越过田野，迅猛地袭击着岸边的城市和村庄，使人们瞬时消失在巨浪中。港口的建筑物和所有设施，会被震塌，在狂涛的洗劫下，被席卷一空。

1983年，位于巽他海峡岛屿上的喀拉喀托火山爆发，也引起了强大的海啸。浪涛高达35米，长524千米，甚至横跨印度洋，绕过好望角，又经历大西洋，传至英国和法国海岸，足见其威力之大了。这场海啸的危害更为惨重，巽他海峡两岸36800名居民死亡；1000多个村庄被毁；停泊在巽他海峡北岸的"秘鲁"号军舰被卷到陆地上9米的高处。

通过上面的描述，我们可以了解到海啸发生时的情况及其所造成的巨大灾难。目前，人类对地震、火山、海啸等突如其来的灾变，只能通过预测、观察来预防或减少它们所造成的损失，但还不能控制它们的发生。

● 有过又有功的风暴潮

什么是风暴潮？风暴潮指由强烈大气扰动，如热带气旋（台风、飓风）、温带气旋（寒流）等引起的海面异常升高现象。有人称风暴潮为"风暴海啸"或"气象海啸"，在我国历史文献中又多称为"海溢""海侵""海啸"及"大海潮"等，把风暴潮灾害称为"潮灾"。风暴潮的空间范围一般由几十千米至上千千米，时间尺度或周期约为1—100小时，但有时风暴潮的影响区域随大气扰动因子的移动而移动，因而有的风暴潮可影响一两千千米的海岸区域，风暴潮持续时间多达数天之久。

在孟加拉湾沿岸，1970年11月13日发生了一次震惊世界的热带气旋风暴潮灾害。这次风暴增水超过6米的风暴潮夺去了恒河三角洲一带30万人的生命，溺死牲畜50万头，使100多万人无家可归。

1959年9月26日，日本伊势湾顶的名古屋一带地区，遭受了日本历史上最严重的风暴潮灾害。最大风暴增水曾达3.45米，最高潮位达5.81米。当时，伊势湾一带沿岸水位猛增，暴潮激起千层浪，汹涌地扑向堤岸，防潮海堤短时间内即被冲毁。造成了5180人死亡，伤亡合计7万余人，受灾人口达150万。

风暴潮是怎样形成的呢？

沿海验潮站或河口水位站所记录的海面升降，通常为天文潮、风暴潮、（地震）海啸及其他长波振动引起的海面变化的综合特征。一般验潮装置已经滤掉了数秒级的短周期海浪引起的海面波动。如果风暴潮恰好与天文高潮相叠（尤其是与天文大潮期间的高潮相叠），加之风暴潮往往夹狂风恶浪而至，溯江河洪水而上，则常常使滨海区域潮水暴涨，甚者海潮冲毁海堤海塘，吞噬码头、工厂、城镇和村庄，使物资不得转移，人畜不得逃生，从而酿成巨大灾难。

● 如真如幻的海市蜃楼

过去，人们对这样一种海洋现象迷惑不解：人们在平静无风的海上或岸上，有时候会看到空中映现出城廓楼台的影像；在沙漠旅行的人有时也会突然发现，在遥远的沙漠里有一片湖水，湖畔树影摇曳，令人向往。可是当大风一起，这些景象突然消逝了。原来这是一种幻景，通称"海市蜃楼"，或简称"海市"，也有的叫"蜃景"。蜃景不仅能在海上、沙漠中产生，柏油马路上偶尔也会看到。蜃景有两个特点：一是在同一地点重复出现，比如美国的阿拉斯加上空经常会出现蜃景；二是出现的时间一致，比如我国蓬莱的蜃景大多出现在每年的5、6月份，俄罗斯齐姆连斯克附近蜃景往往是在春天出现，而美国阿拉斯加的蜃景一般是在6月20日以后的20天内出现。

在海洋上和沙漠上都可以发生"海市蜃楼"。尤其以海洋上出现最多。自古以来，蜃景就为世人所关注。在西方神话中，蜃景被描绘成魔鬼的化身，是死亡和不幸的凶兆。我国古代则把蜃景看成是仙境，秦始皇、汉武帝曾率人前往蓬莱寻访仙境，还屡次派人去蓬莱寻求灵丹妙药。

海市蜃楼是怎样产生的？这在古人看来是一个大谜，但在现代人看来，道理并不深奥。现代科学已经对大多数蜃景做出了正确解释，认为蜃景是地球上物体反射的光经大气折射而形成的虚像，所谓蜃景就是光学幻景。根据物理学原理，海市蜃楼是由于不同的空气层有不同的密度，而光在不同的密度的空气中又有着不同的折射率。也就是因海面上暖空气与高空中冷空气之间的密度不同，对光线折射而产生的。蜃景与地理位置、地球物理条件以及那些地方在特定时间的气象特点有密切联系。气温的反常分布是大多数蜃景形成的气象条件。蜃景中出现的楼瓦亭台等景象，实际上是海水海气对远处海岸上的建筑、人群、景物叠加、折射"搬运"的结果。

蜃景的种类很多，根据它出现的位置相对于原物的方位，可以分为上蜃、下蜃和侧蜃；根据它与原物的对称关系，可以分为正蜃、侧蜃、顺蜃和反蜃；根据颜色还可以分为彩色蜃景和非彩色蜃景等等。

中国是海市蜃楼的文化故乡。宋代沈括《梦溪笔谈》卷二十一记载说："登州海中，时有云气如宫室、台观、城堞、人物、车马、冠盖，历历可见，谓之海市。"明人叶盛《水东日记》卷三十一也记载说："登州蓬莱县纳布老人言，海市惟春三月微微吹东南风时最盛，多见者。城郭、楼观、旗帜、人物皆具。然变幻非一，或大而为峰峦林木，或小而为一畜一物，皆有之。"清人王培荀《乡园忆旧录》卷六记载说："登州镇城署后太平楼，其下即海。楼前对数岛，海市之起，每由于此。春秋之际，天色微阴则见。岛下先涌白气，状如奔潮，河庭水榭，应目而具，可百余间；文窗雕栏，无相类者。中岛化为莲座，左岛立悬幡，右岛化为平台。忽三岛连为城堞，而幡化为赤帜。时抚军饮楼上，见艨艟数十扬帆来，兵士森立，甲光耀日，朱旗蔽天。急罢酒，料理城守，而船将抵岸，忽然不见，乃知是海市也。见《物理小识》。"《登州府志·山川》记载道："登州三面距海，其中浮岛不可殚述。每春夏之交，海气幻怪，现种种相，千变万化，眩人耳目，谓之海市。"

据现代科学研究，所见"登州海市"实际上是渤海庙岛群岛或相隔不太远的山川城镇景观的折射影像。但这一奇特的自然景象无论如何超越于古时人们的知识水平之上，于是在战国、秦汉直至魏晋之际，人们纷纷把这一幻象视为超越于人间世俗世界之上的另一世界——神仙的世界，认为人间的生老病死，在神仙世界里是不存在的，因而成为了人们希冀长生的精神需求。这一虚幻的图景经过神仙家们的大力渲染，一方面极大地调动起了秦皇汉武的好奇心，于是派遣方士入海求之，一方面调动起了广大民众的信仰与追求心理，因而信之若炽，并历代传承。

● 壮观的海底火山

所谓海底火山，就是形成于浅海和大洋底部的各种火山。包括死火山和活火山。地球上的火山活动主要集中在板块边界处，而海底火山大多分布于大洋中脊与大洋边缘的岛弧处。海底火山在地理分布、岩石岩浆性质和成因上都有显著的差异。海底火山喷发时，在水较浅、水压力不大的情况下，常有壮观的爆炸，这种爆炸性的海底火山爆发时，产生大量的气体，主要是来自地球深部的水蒸气、二氧化碳及一些挥发性物质，还有大量火山碎屑物质及炽热的熔岩喷出，在空中冷凝为火山灰、火山弹、火山碎屑。海洋中有不少"火山岛"，就是这样出现的。

海底火山主要有边缘火山、洋脊火山、洋盆火山三类，各类海底火山有各自的特点。

● 边缘火山

边缘火山，即在沿大洋边缘的海底分布的弧状的火山链。它是岛弧的主要组成单元，与深海沟、地震带等相伴生。岛弧火山链中，有些是海底活火山。这类火山主要喷发安山岩类物质。由于安山质岩浆比玄武岩浆黏性大，且富含水，巨大的蒸气压力一旦突然释放，便形成爆发式火山，容易给附近居民酿成巨大灾难。因安山岩黏性大，熔岩喷发后容易堆砌成陡峭的山峰，突出水面，成为海上岛礁。

● 洋脊火山

洋脊火山，是大洋中脊火山的简称。海底火山与火山岛顺大洋中脊走向，成串出现。据估计全球约80%的火山岩产自大洋中脊。中脊处的大洋玄武岩，组成了广大的洋底岩石的主体。

● 洋盆火山

散布于深洋底的各种海山，包括平顶海山和孤立的大洋岛等，是属于大洋板块内部的火山。洋盆火山起初只是沿洋底裂隙溢出的熔岩流，以后逐渐上长加高，大部分海底火山在到达海面之前便不再活动，停止生长。其中高出洋底1000米以上者称海山，足1000米者称海丘。少数火山可从深水中升至海面，这时波浪等剥蚀作用会不断抵消它的生长。

一旦火山锥渐次加宽并升出于波浪之上，便能形成火山岛，几个邻近的火山岛可连接成较大的岛屿，如夏威夷岛。洋盆火山的活动一般不超过几百万年，出露海面的火山停止活动，往往被剥蚀作用削为平顶。各大洋，特别是太平洋中，发现许多平顶的死火山。

海底火山的分布相当广泛，火山喷发后留下的山体都是圆锥形状。据统计，全世界共有海底火山约2万多座，太平洋就拥有一半以上。这些火山，有的已经衰老死亡，有的正处在年轻活跃时期，有的则在休眠，不定什么时候苏醒，又会"东山再起"。

现有的活火山，除少量零散在大洋盆外，绝大部分在岛弧、中央海岭的断裂带上，呈带状分布，统称海底火山带。太平洋周围的地震火山，释放的能量约占全球的80%。夏威夷群岛的冒纳罗亚火山海拔4 170米，它的大喷火口直径达5000米，常有红色熔岩流出。1950年曾经大规模地喷发过，是世界上著名的活火山。

海底火山的喷发非常壮观。海啸有很多是海底火山爆发造成的。

● 神奇的冰山

冰山，是从冰川或极地冰盖临海一端破裂落入海中漂浮的大块淡水冰，通常多见于南极洲与格陵兰岛周围。

冰山大多在春夏两季内形成，较暖的天气使冰川或冰盖边缘发生分裂的速度加快。在冰川或冰盖（架）与大海相会的地方，冰与海水的相互运动，使冰川或冰盖末端断裂入海成为冰山。还有一种冰川伸入海水中，上部融化或蒸发快，使其变成水下冰架，断裂后再浮出水面。每年仅从格陵兰西部冰川产生的冰山就有约1万座之多。

北冰洋的冰山高可达数十米，长可达一二百米，形状多样。南极冰山一般呈平板状，同北冰洋冰山相比，不仅数量多，而且体积巨大。有些长度超过8千米，高达数百米。目前已知世界最大的冰山是南极的"B15"冰山。2000年3月，它从南极罗斯冰架上崩裂下来。它的面积达到1.1万平方千米，比北京市的面积（1.68万平方千米）小不了多少。现在，这座冰山已经分裂，分别命名为B15A和B15J，在罗斯海上缓慢地漂移。

南极冰山，大多数是当南极大陆冰盖向海面方向变薄，并突出到大洋里成为巨大冰架，逐渐断裂后而形成的。冰山产生的速率，在北冰洋为每年 280 立方千米，在南极为每年 1800 立方千米。大多数冰山，主体在海面以下，露出水面的一角，往往仅仅是整座冰山的 1/10。电影大片《泰坦尼克》上演的故事——冰海沉船，就是由于这一初次航行的豪华客轮撞上看不见的冰山造成的。

冰山的冰的平均年龄都在 5000 年，可以说那都是没有受过工业污染的干净的水的凝固体——人类淡水资源的重要宝库。

● 神奇的"海火"

常言说，"水火不相容"。然而，海面上燃烧着火焰的事儿又屡见不鲜。有一艘轮船黑夜中航行于海上，船员们发现前方闪烁着亮光，宛如点点灯火。待到近前，发现那里并没有港口和陆地，只有一片令人目眩的亮光，在茫茫的海面上闪烁。人们登高眺望，惊奇地发现：大海开花了！海面光芒四射，鲜艳夺目；水中的鱼儿，环上了神话般的光晕；风车似的光轮不停地转动，把大海映得时明时暗，绚烂异常。人们把这种海水发光现象称为"海火"。

海火虽然并不常见，但它的出现是有一定规律的。1975 年 9 月 2 日傍晚，在江苏省近海朗家沙一带，海面上发出微光，随着波浪的跳跃起伏，这光亮就像燃烧的火焰升腾不息，直到天亮才逐渐消失。次日晚，海面上的光亮比第一天还强。这种情况持续了一周，到第七天，有人发现海面上涌出许多泡沫，每当有渔船驶过，激起的水流就像耀眼的灯光，异常明亮，水中还有珍珠般的颗粒在闪闪发光。这奇景过后几小时，这里发生了一次地震。1976 年 7 月 28 日唐山大地震的前夜，人们在秦皇岛、北戴河一带的海面上，也曾见过这种发光现象。尤其在秦皇岛附近的海面上，仿佛有一条火龙在闪闪发亮。有人根据这些现象得出结论：海火是一种与地面上的"地光"相类似的发光现象，当强地震发生时，海底出现了广泛的岩石破裂，就会发出令人感到炫目耀眼的光亮。

那么，没有引来地震的海火是如何发生的呢？科学家们的解释是：海洋里能发光的生物很多，除甲藻外，还有菌类和放射虫、水螅、水母、鞭毛虫以及一些甲壳类动物。而某些鱼类，更是发光的能手。它们具有不同的发光器官，有的是一根根小管，就像电灯丝；有的像彩色的小灯泡，赤、橙、黄、绿、青、蓝、紫俱全，发出的光亮像霓虹灯一样变幻无穷。这种解释似是而非，人们还是将信将疑。

迷人的海洋风光

● 格陵兰岛——世界上最大的岛屿

格陵兰岛是世界上的第一大岛。它是划分是"海岛"还是"大陆"的标志——就海洋中的陆地的面积大小而言，什么是"海岛"什么是"大陆"？国际地理学界的硬性"规定"就是：格陵兰算是"海岛"，一切比它小的海中陆地都是"岛屿"，一切比它大的海中陆地都是"大陆"。

"格陵兰"的意思为"绿色的土地"，其实，这个岛并不像它的名字那样充满着春意。它位于北美洲的东北部，北冰洋和大西洋之间，是一个世界上著名的大部分被冰雪和冰川覆盖着的"白色大陆"。自古以来，关于这个岛屿就是一个神话的世界，探险家们从冰雪覆盖的北方带来各种光怪陆离的传说：有魔力的独角兽、长毛的小矮人、海盗的栖身地、冰雪的世界。

格陵兰岛南北长2574千米，面积2166086平方千米。全岛约4/5的地区在北极圈内，85%的地面覆盖着道道冰川与厚重的冰山。千姿百态的冰山与冰川成为格陵兰的奇景，对着它们展开丰富的联想，你会觉得自己一会儿置身于剑拔弩张的古战场，一会又到了万马奔腾的原野。

格陵兰岛给人印象最深的特征是它那巨大的冰盖，有些地方冰的厚度达几千米，冰盖占整个岛屿面积的82%。冰盖产生了巨大的冰川，沿海地区的冰川断裂划入海中形成冰山，成为许多航船的噩梦。1912年，"泰坦尼克号"的处女航就是因为撞上了冰山才沉没的，由此有了悲惨而壮烈的生死海难故事，有了著名的电影《冰海沉船》和《泰坦尼克号》等演绎的令人凄婉断肠的海难爱情故事。

● 马来群岛——世界上最大的群岛

马来群岛是世界上最大的群岛。

马来群岛在太平洋和印度洋之间，因该群岛的土著人以马来人为主，所以名叫"马来群岛"。这里又是海外华侨比较集中的居地之一，所以在中国又称为"南洋群岛"。

该群岛位于太平洋和印度洋之间，环抱苏禄（Sulu）、西里伯斯、班达（Banda）、摩鹿加、巽他、爪哇、弗洛勒斯（Flores）和萨武（Savu）诸海，西与亚洲大陆隔有马六甲海峡和南海，北与台湾之间有巴士海峡，南与澳大利亚之间有托雷斯（Torres）海峡。

马来群岛在海岛世界中，是个"人丁兴旺"的群岛"家族"。由印度尼西亚13000多个岛屿和菲律宾约7000个岛屿组成，还包括文莱、巴布亚新几内亚等岛国的岛屿和岛群。属于印度尼西亚的岛屿及岛群，主要包括大巽他群岛、小巽他群岛、摩鹿加、巴布亚；属于菲律宾的岛屿及岛群，主要包括吕宋、民答那峨、米沙鄢（Visayan）群岛。马来群岛的"家族成员"，大大小小共有2万个以上，总面积达255万平方千米。在这2万多个岛屿中，有名有姓的海岛，仅占总数的1/5，其余都是"无名小卒"。有人居住的岛，仅占岛屿总数的1/10，绝大部分岛屿无人居住。在整个地球所有的群岛中，无论是岛屿的数目，还是面积、人口，马来群岛都独占鳌头，其他任何群岛都不能与之相比。

因为马来群岛地处欧亚板块、印度洋板块和太平洋板块的交界处，所以这里还是世界上地震和火山爆发最多的地区，被称为"最不安定"的区域。

● 巴厘岛——马来群岛中的明珠

巴厘岛是马来群岛中属于印度尼西亚的13600多个岛屿中最耀眼的一个岛，位于印度洋赤道南方8度，爪哇岛东部，岛上东西宽140千米，南北相距80千米，全岛总面积为5620平方千米。

巴厘岛位于马来群岛中爪哇以东小巽他群岛的西端，大致呈菱形，主轴为东西走向，人口约315万人。地势东高西低，山脉横贯，有10余座火山锥，东部的阿贡火山海拔3140米，是全岛最高峰。日照充足，大部分地区年降水量约1500毫米，干季约6个月。巴厘岛人口密度仅次于爪哇，居印度尼西亚全国第二位。居民主要是巴厘人，信奉印度教，以庙宇建筑、雕刻、绘画、音乐、纺织、歌舞和风景闻名于世。为世界旅游胜地之一。

巴厘岛因历史上受印度文化的影响，居民大都信奉印度教。不过巴厘岛民的印度教信仰与印度本土的印度教不同，是印度教的教义和巴厘岛风俗习惯的结合，称为巴厘印度教。居民主要供奉梵天、毗湿奴、湿婆神三大天神，还信仰佛教的释迦牟尼，祭拜太阳神、水神、火神、风神等。信徒家家设有家庙，家族组成的社区有神庙，村有村庙，全岛有庙宇125000多座，因此，该岛又有"千寺之岛"之称。巴厘岛居民每年举行的宗教节日近200个，因此该岛还有"神明之岛""恶魔之岛""罗曼斯岛""天堂之岛""魔幻之岛"等多种别称。

巴厘岛著名的景点还有海神庙。海神庙盖在海边的一块巨岩上，涨潮时，此庙四周环绕海水，和陆地完全隔离，落潮时与岛岸相连。海神庙建于16世纪，祭祀海神。巨岩下方对岸岩壁，有一小穴中有几条有毒的海蛇，传说是此庙的守护神。据说寺庙建成时忽逢巨浪，寺庙岌岌可危，于是寺内和尚解下身上的腰带抛入海中，腰带化为两条海蛇，终于镇住风浪。从此海蛇成为寺庙的守护神。海神庙的对岸有一小亭，可以眺望日落景色，成为巴厘岛的一大胜景。海浪极大，岸边都是褐色的礁石，不能游泳，却最适合体会"惊涛拍岸"的感觉。

巴厘岛由于地处热带，且受海洋的影响，气候温和多雨，土壤十分肥沃，四季绿水青山，万花烂漫，林木参天。巴厘人生性爱花，处处用花来装饰，因此，该岛有"花之岛"之称，并享有"南海乐园""神仙岛"的美誉。岛上沙努尔、努沙·杜尔和库达等处的海滩，是该岛景色最美的海滨浴场。这里沙细滩阔、海水湛蓝清澈。每年来此游览的各国游客络绎不绝。

● 夏威夷群岛——太平洋中的天堂

夏威夷群岛位于太平洋中部，是太平洋上一颗明珠。它东距美国旧金3846千米，西距日本东京6200千米，西距香港8890千米。是太平洋地区海空运输的枢纽。马克·吐温曾说："夏威夷是大洋中最美的岛屿，是停泊在海洋中最可爱的岛屿舰队。"

"夏威夷"一词源于波利尼西亚语。"夏威夷"，意为"原始之家"。波利尼西亚人世世代代在此定居。1898年，夏威夷被美国吞并，1959年成为美国第50个州。

夏威夷群岛是波利尼西亚群岛中面积最大的一个二级群岛，呈新月形岛链，弯弯地镶嵌在太平洋中部水域，所以有"太平洋十字路口"和"美国通往亚太的门户"之称。群岛共有大小岛屿132个，总面积16650平方千米，其中只有8个比较大的岛屿有人口居住。

夏威夷群岛面积最大的是夏威夷岛，由5座火山组成，其中基拉维厄火山为世界活火山之最。冒纳罗亚火山每隔若干年喷发一次，炽烈的熔岩从山隙中缓缓流出，成为夏威夷的一大奇观。瓦胡岛是第三大岛，也是夏威夷政治、文化中心——首府火奴鲁鲁（檀香山）所在地。全州110万人的近80%居住在该岛上。

夏威夷群岛中的瓦胡岛上，有全夏威夷最主要的檀香山国际机场，80%的旅客飞到檀香山当作他们夏威夷之旅的第一站。瓦胡岛上的波利尼亚文化中心，依山傍水，热带植物繁茂，人工湖将中心分为夏威夷、萨摩亚、斐济、汤加、塔西堤、马克萨斯、毛利等7个村落，代表波利尼亚7种不同文化。各村落建筑均保持几百年前的传统风貌，从不同侧面反映民族文化特色，瓦胡岛是夏威夷最吸引游客的岛屿。

在夏威夷语中，"火奴鲁鲁"意指"屏蔽之湾""屏蔽之地"，原本是波利尼西亚人的一个小村，因为早期这里盛产檀香木，而且大量运回中国，被华人称为檀香山。19世纪初，这里因檀香木贸易和作为捕鲸基地而发达起来。1850年为夏威夷王国首府；1898年夏威夷被美国归并；1909年设市，1959年成为州首府。

夏威夷地处热带，气候却温和宜人，经济以农业为主，主要产甘蔗和菠萝，渔业也是当地经济的重要组成部分。而近年来，夏威夷的旅游业有了突飞猛进的发展，旅游业收入已跃居各业之首。

夏威夷作为世界上旅游工业最发达的地方之一，吸引观光游客的并非名胜古迹，而是它得天独厚的美丽环境，以及夏威夷人传统的热情、友善、诚挚。夏威夷风光明媚、海滩迷人，日月星云变幻出五彩风光：晴空下，美丽的威尔基海滩，阳伞如花；晚霞中，岸边蕉林椰树为情侣们轻吟低唱；月光下，波利尼西亚人在草席上载歌载舞。当观光轮船接近夏威夷外海时，便有一大群热情如火的夏威夷女郎，驾着小舟靠近轮船，把一串串五颜六色的花环送给游客，且高喊着欢迎口号"阿罗哈"，充分表达她们最真挚的欢迎之情。花环叫"蕾伊"，夏威夷人总是手拿花环，熟人相见，欢迎或欢送客人，都要送花环，就好像我们见面握手一样。所以在夏威夷，你常常看见有人戴着一二十个花环。夏威夷的花之韵、海之音，为游客们奏出一支优美的浪漫曲。

草裙舞是最让观光者念念不忘的。草裙舞又名"呼啦舞"，是一种注重手脚和腰部动作的舞曲。月光如水之夜，凉风习习的椰林中，穿夏威夷衫的青年，抱着吉他，弹着优美的乐曲，用低沉的歌声，倾诉心中的恋情。跳舞的女郎，挂着花环，穿着金色的草裙，配合音乐旋律和节奏，表现出优美的姿态。纯洁的感情，热情的气氛，如画的情调，令人陶醉，叫来到这里的人流连忘返。

由于夏威夷群岛地处太平洋的中央，从美洲的温哥华、旧金山、巴拿马运河到亚洲的横滨、马尼拉、香港，大洋洲的悉尼、奥克兰等地的定期船舶都在夏威夷靠岸；横跨太平洋的航空线、穿过太平洋的海底电缆也都从这里通过。它是亚、澳、美洲海、空航线的交通枢纽，所以常被人们称为"太平洋上的十字路口"。它不仅经济地理位置十分重要，而且向来是个军事上的战略要地。太平洋地区的主要海空军事基地珍珠港也在此处。

1941年日本偷袭珍珠港，1945年遭到美国还击的两颗原子弹，一一爆炸在日本本土。日本是人类历史上第一次吃过原子弹的国家，这是对日本军国主义发动战争、四处侵略的惩罚。

● 复活节岛——神秘巨石雕像的故乡

复活节岛位于东太平洋中，东距智利西岸3700多千米，是地球上最与世隔绝、最"孤独"的一个岛屿。离其最近有人定居的皮特凯恩群岛也有2000多千米距离。

复活节岛，当地土著人的语言称为"拉帕努伊"（Rapa Nui）岛。1722年4月5日，荷兰海军上将、荷兰西印度公司探险家雅各布·罗格文（Jakob Roggeven）率领一支舰队发现了这个位于南太平洋中的这个小岛。由于这一天正好是基督教的复活节，因而将其命名为"复活节岛"。1888年该岛并入智利版图，在岛上设总督。

复活节岛长24千米，最宽处为17.7千米，面积117平方千米，最高点海拔600米。目前岛上有居民近4000人，复活节岛人能歌善舞，热情好客，每当迎来宾客都献上串串花环。他们的民间舞蹈同夏威夷的草裙舞相似，是岛上旅游活动的保留节目。

复活节岛以其巨型石像而闻名于世。

复活节岛上遍布近千尊巨大的石雕半身人像，被当地人称作"莫埃"。它们是一些无腿的半身石像，其中有几十尊竖立在海边的人工平台上，单独一个或成群结队，面对大海，昂首远视。有些石像头顶还戴着红色的石帽，石帽重达10吨。有些还用贝壳镶嵌成眼睛，炯炯有神。它们的脸部造型生动，高鼻梁、深眼窝、长耳朵、翘嘴巴，双手放在肚子上。石像一般高5—10米，重几十吨，最高的一尊有22米，重300多吨。有些或卧于山野荒坡、或躺倒在海边，像是被什么人胡乱推倒的。这种石雕像"艺术性"很高，不少人发出"巧夺天工"的赞叹。据考察，这些石像雕刻的时间远在2000年之前。

岛上的这些石像是什么人雕刻的呢？它象征着什么？一连串的问号，长期以来一直是困扰人们、吸引人们的不解之谜。

有人干脆说这是外星人的杰作。他们说是外星人为了某种目的和要求，选择这个太平洋上的孤岛，建了这些石像。

"务实"的人们，则做出了种种猜测。

有人说这些石像是岛上的土著人雕刻的，是岛上土著人崇拜的神或是已死去的各个酋长、被岛民神化了的祖先。

有人则认为，石像的高鼻、薄嘴唇，是白种人的典型生相，而岛上的居民是波利尼西亚人，他们的长相没有这个特征。因此，它们不会是岛上居民波利尼西亚人的祖先，这些雕像也就不可能是他们制作的。再者，岛上的人很难用那时的原始石器工具完成这么大的雕刻工程。

也有人依据该岛周围海域原是一片大陆之说推测认为，远在1万年以前，南太平洋上该地的确有一片大陆，面积比今天整个美洲还大，人口有7000多万，已经进入较高度文明的阶段，能够用巨石进行建筑。在很多方面和南美的古印加人相似，不幸的是，这里后来发生了海陆巨变，大陆沉没海底，仅东部边缘的复活节岛部分得以幸存，现在岛上的石人巨像和其他古物，就是那时的大陆时代的遗物。

也有一些考古学家和人类学家根据复活节岛上居民的语言特征，认为岛上的土著人最初是从波利尼西亚的某个群岛上迁移过来的。而波利尼西亚人的来源，有人认为来自南美洲，有人认为来自亚洲东南部，是古代的亚洲人从东南亚出发，经过漫长的岁月，途经伊里安岛、所罗门群岛、新喀里多尼亚岛、斐济群岛等岛屿，最后约于公元四五世纪到达复活节岛居住下来的。

现在更多的人相信，古波利尼西亚人到达复活节岛后，也将雕凿石像的风俗带到复活节岛上。在古波利尼西亚人心目中，这些雕凿的石像具有无比强大的神力，可以保佑他们。

那么当时的人们又是如何将它们从几十千米外远的采石场上运到海边的？又是被什么人胡乱推倒的呢？仍然是谜团，各种猜测很多，存在很大争议，使复活节岛一直具有挥之不去的神秘色彩。

显然，各种猜测，如要坐实，从目前看难度太大，几不可能。但这个神秘的茫茫大洋中的小岛，这些神秘的、众多的石人巨像，这些神秘的令人感伤、动容、遐想的古大陆及其文明的传说，整体显示的是该岛、该岛历史与文化的神秘、真实而又飘渺。那里的人，那里的海，那里的岛，那里的历史与遗迹，构成了那里的不同于世界其他区域的海洋文明形态。

公元1770年，西班牙辖下的秘鲁总督派舰船2只来到此岛，登陆后竖起了3个十字架，宣称该岛是西班牙领土，并以当年西班牙国王的名字命名该岛为圣卡洛斯岛。

1774年，英人库克船长在他的第二次环球航程中来到复活节岛，派随船画家上岸为岛人和石像绘过图像。

1862年，有秘鲁恶徒来到复活节岛，狂行掳走许多岛民到近秘鲁海岸的海岛做采集鸟粪的苦力。数年后岛民疲病死亡大半，仅百多人幸存返回复活节岛。

1864年，法国派天主教留岛传道。

1888年，智利派了军舰来到，宣布此岛归并智利，又派海军军官管治，直到二次世界大战结束。

由此可见，该岛上土著人自己本来的岛屿文明传统，被后来的西方人所不断打破。

现在，岛民几乎全部从事旅游业，一年接待来自世界各地的游客4—5万人。

● 大堡礁——美丽的海中野生王国

大堡礁是澳大利亚人最引以为自豪的天然景观，又被称为是"透明清澈的海中野生王国"。它是世界上最大、最长的珊瑚礁群，也是世界七大自然景观之一。1981年大堡礁被评定为世界遗产。

美丽的大堡礁位于澳大利亚东北部昆士兰省对岸，是一处延绵2000千米的地段，它纵贯蜿蜒于澳大利亚东海岸，全长2011千米。这里景色迷人、水流复杂险峻莫测，生存着400余种不同类型的珊瑚礁，这些珊瑚礁无论形状、大小、颜色都极不相同，有些非常微小，有的可宽达几米。珊瑚们千姿百态，有扇形、半球形、鞭形、鹿角形、树木状和花朵状。并且，珊瑚栖息的水域颜色也变幻莫测，从白、青到蓝靛，绚丽多彩。珊瑚也有淡粉红、深玫瑰红、鲜黄、蓝相绿色，异常鲜艳。这里生活着鱼类1500多种，软体动物达4000余种，聚集的鸟类约242种，有着得天独厚的科学研究条件。这里还是某些濒临灭绝的动物物种的栖息地。

大堡礁作为世界上最大的珊瑚礁区，由数千个相互隔开的礁体组成。许多礁体在海水低潮时显露，有的形成沙洲，有的环绕岛屿或镶附大陆岸边。这些色彩缤纷、形态多样的珊瑚，大都生长在浅水大陆架的温暖海水中。最让我们感到惊奇的是，建造起如此庞大的珊瑚区工程的，竟是直径只有几毫米的腔肠动物珊瑚虫。珊瑚虫体态玲珑，色泽艳丽，只能生活在全年水温保持在22—28℃的水域，且水质必须洁净、透明度高，而澳大利亚东北岸外大陆架海域正具备珊瑚虫繁衍生殖的理想条件。珊瑚虫以浮游生物为食，群居生活，能分泌出石灰质骨骼，老一代珊瑚虫死后留下遗骸，新一代继续发育繁衍，像树木抽枝发芽一样，向高处和两旁发展。如此年复一年，日积月累，珊瑚虫分泌的石灰质骨骼，连同藻类、贝壳等海洋生物残骸胶结一起，堆积成一个个珊瑚礁体。珊瑚礁的建造过程十分缓慢，在最好的条件下，礁体每年不过增厚3—4厘米。有的礁岩厚度已达数百米，可见这些"建筑师"们在此已经历了多么漫长的岁月。同时也使我们了解到，澳大利亚东北海岸地区在地质史上，曾经历经过沉陷过程，使追求阳光和食物的珊瑚不断向上增长。

大堡礁也是一座巨大的天然海洋生物博物馆，有"海洋生物的伊甸园"之称。大堡礁海域生活着大约1500种热带海洋鱼类，有泳姿优雅的蝴蝶鱼，有色彩华美的雀鲷，漂亮华丽的狮子鱼，好逸恶劳的印头鱼，脊部棘状突出并且释放毒液的石鱼，还有天使鱼、鹦鹉鱼等各种热带观赏鱼。由于珊瑚礁的包围，这里风平浪静，是天然的避风港，各种鱼类、蟹类、海藻类、软体类，五彩缤纷、琳琅满目，透过清澈的海水，历历在目。成群结队的小鲟鱼在大堡礁外侧捕食浮游生物。体重达90公斤长相古怪得令人生畏的巨蛤每次至少产十亿颗卵。欲称霸海洋的鲨鱼，柔软无骨的无壳蜗牛，硕大无比的海龟，斑点血红的螃蟹……被潮水冲上来的大小贝壳闪烁着光芒，安静地躺在沙滩上，退潮时来不及逃走的长达一米的大龙虾，及体肥味美的海参……这里的一切都让人充满了惊喜。

大堡礁水域共约有大小岛屿600多个，其中以绿岛、丹客岛、磁石岛、海伦岛、哈米顿岛、琳德曼岛、蜥蜴岛、芬瑟岛等较为有名。大堡礁的一部分岛屿，其实是淹在海中的山脉顶峰。俯瞰大堡礁，就像在汹涌澎湃的大海上绽放的碧绿的宝石。大堡礁属于热带气候，自然条件适宜，无大风大浪。优越的自然条件也促使这些各有特色的岛屿现都已开辟为旅游区，每年都会吸引无数的游客。加上这里又是多种鱼类的栖息地，不同的月份还可以看到不同的水生珍稀动物，使到这些岛屿的游客更加大饱眼福。

● 塞舌尔群岛——散落在印度洋上的珍珠

塞舌尔群岛由115个散落在印度洋中的岛屿组成，总面积约455平方千米。在印度洋洋面上徐徐可见一片汪洋中许多星星点点的岛屿，宛如一颗颗珍珠镶嵌在翠绿色的碧玉上。这里每一个小岛都有自己的特点：阿尔达布拉岛是著名的龟岛，岛上生活着数以万计的大海龟；弗雷加特岛是一个"昆虫的世界"；孔森岛是"鸟雀天堂"；伊格小岛盛产各种色彩斑斓的贝壳……塞舌尔群岛一年只有两个季节——热季和凉季，没有冬天。岛上就像是一座庞大的天然植物园，有500多种植物，其中的80多种珍稀植物在世界上是岛上独有、世界上其他地方根本找不到的。

塞舌尔拥有一个美丽的海岛国家应该具有的一切：蓝天、碧水、阳光、沙滩、海风……这些在这里不仅都有，而且还更多。这里的空气中弥漫着天然植物的清香，所以人们连呼吸都变成了享受。这里的植物都是超大型的，茂盛中还带着几分放肆，色彩更是浓郁如高更的画。松塔有哈密瓜那么大，无忧草的叶子居然长了一尺多宽，巨大的椰子树横斜在窗前，挺拔的扶桑后面高大的凤凰图库树红到荼蘼，几乎遮住了半边天。身处其间，你会觉得生机勃勃的花花草草才是岛上真正的主人，人不过是其中的点缀。

如果说塞舌尔群岛是人间天堂，那么坐落在群岛中的普拉兰岛中心的五月谷就是这天堂里的伊甸园。五月谷是世界上最小的自然遗产，面积只有19.5公顷。因其中7000多棵海椰子树而闻名于世。海椰子树是塞舌尔的"国宝"，它是一种世界上罕见的珍奇植物，不仅外形与一般椰子树不大相同，而且生长期漫长，更使他身价倍增。一棵树活千年也不会停止长高，而且这种树是雌雄两株合抱一起，根须也相互盘缠，高达30多米，因此也称为"爱情树"。海椰子通常高达1.5米至2米，叶子围成环状，斜指向天，以利搜集雨水流到根部。海椰子树到15岁时才开始长出树干，在25岁左右开始结果，能连续结果850年以上。

在距塞舌尔首都维多利亚90多千米处，有另一个神奇的岛屿——鸟岛。在岛上，可以看见成千上万只燕鸥在空中翱翔，有些则在沙地上筑巢，叽叽喳喳，蔚为壮观。鸟岛附近浮游生物繁盛，每年4月有上百万只燕鸥到岛上栖息，7到8月产卵，在岛上留下遍地的燕鸥蛋。在鸟岛东南角，有平展细白的沙滩，海水清澈见底，人们可以尽情在海中畅游，也可以全身赤裸地躺在沙滩上晒日光浴。

塞舌尔人环保意识极强，每砍一棵树都要报环境部审批。在海洋公园海域，为了保护热带鱼类，不但禁止捕鱼，当地人还通常会劝阻游客拾捡贝壳，"贝壳—浮游生物—虾米—小鱼—大鱼"已形成一条生物链。这座拥有这个星球上最原始、最优美的自然环境的群岛，是人们在海洋中可以找得到的世外桃源。

● 宝岛台湾——中国最大的岛屿

台湾位于我国东南海边，东临太平洋，西隔台湾海峡与福建相望，南靠巴士海峡与菲律宾群岛接壤，北向东海。全岛总面积为35989.76平方千米，是我国最大的岛屿，其中包括台湾本岛、澎湖列岛、钓鱼岛、赤尾屿、兰屿、火烧岛和其他附属岛屿共88个。台湾本岛南北长而东西狭。南北最长达194千米、东西最宽为144千米，呈纺锤形。

台湾岛是世界著名的旅游胜地，总是被人们冠上"美丽而又富饶的宝岛"之称。台湾岛上的风光，可概括为"山高、林密、瀑多、岸奇"等几个特征。

台湾是世界上少有的热带"高山之岛"，除西岸一带为平原外，其余占全岛2/3的地区都是高山峻岭。台东山脉、中央山脉、玉山山脉，号称"台湾屋脊"，海拔3997米。最著名的是阿里山，为台湾秀丽俊美风光之象征。

地处亚热带海洋中的台湾，气候温和宜人，长夏无冬，适宜于各种植物的生长。因此岛上大部分土地都覆盖翠绿的森林，有"海上翠微"之美誉。崇山峻岭间，植物种类繁多，森林风姿多变，原始森林中的千岁神木，比比皆是，世上罕见。

台湾山峻崖直，河短水丰，瀑布极多，且各种形态，应有尽有，十分壮观。除了瀑布，岛上更是温泉磺溪密布，具有很高的疗养治病之功效，吸引着众多游客。关仔岭温泉还有"水火同源"的胜迹，而宜兰苏澳冷泉，更是世之稀有。西部平原海岸，宽广笔直，水清沙白，柳林成群，极宜泳浴。阳光白浪，轻风椰林，充满着海滨的浪漫情调。北部海岸，又别有洞天，被台风、海浪冲蚀的海蚀地貌，鬼斧神工、千奇百怪，构成一幅幅天然奇境，具有"海上龙宫"的雅号。

台湾岛是我国不可分割的领土。目前台湾人口2300多万，文化灿烂，经济发达。祖国大陆与台湾岛之间正在实施两岸合作，实现共赢，朝着和平统一的方向发展。

● 舟山群岛——中国最大的群岛

舟山群岛是中国沿海最大的群岛。位于长江口以南、杭州湾以东的浙江省北部海域，古有"海中洲"之名，也有"千岛群岛"之称。目前舟山群岛的行政建置是"舟山市""舟山市"由此称为我国唯一的一个"千岛城市"。

舟山群岛岛礁众多，星罗棋布，大小岛屿有1339个，约相当于我国海岛总数的20%，总面积22000公顷。主要岛屿有舟山岛、岱山岛、朱家尖岛、六横岛、金塘岛等，其中舟山岛最大，面积为502平方千米，为我国第四大岛。

大约5000多年前的河姆渡时代，就有人类在舟山群岛开始繁衍生息。唐代开始建县，至今已有1200多年的历史。1950年设舟山专区，1987年1月设舟山市。舟山群岛是我国沿海航线中途的必经之地。现在的舟山群岛港口发展迅速，已成为上海、宁波水运中转的卫星港。

舟山群岛风光秀丽，气候宜人。这里秀岩嶙峋、奇石林立、异礁遍布，拥有两个国家级海上风景区。著名岛景有海天佛国普陀山、海上雁荡朱家尖、海上蓬莱岱山等。东海观音山峰峦叠翠，山上山下美景相连，人称东海第二佛教名山。岛上奇岩异洞处处，山峰终年云雾笼罩。枸记山岛巨石耸立，摩崖石刻处处可见。黄龙岛上有两块奇石，如同两块元宝落在山崖。大洋山岛溪流穿洞而过，水声潺潺，美丽的景点数不胜数。

舟山群岛海域盛产鱼虾，舟山渔场是自古著名的大型渔场。

● 庙岛群岛——因海神庙命名的群岛

庙岛群岛又称长岛，位于胶东、辽东半岛之间，黄、渤海交汇处，地处环渤海经济圈的连接带，东临韩国、日本，是京津的重要门户，战略位置十分突出，自古就是东北亚地区海上交通的枢纽。历史上，中国历代中央王朝与朝鲜半岛、日本列岛政权之间的海上往来，主要通道就是经过庙岛群岛。

庙岛群岛现在的行政建置为长岛县，是山东省唯一的海岛县。庙岛群岛由32个岛屿组成，呈南南西—北北东分布。岛陆面积56平方千米，海域面积8700平方千米。南北距离56.4千米，东西距离30.8千米。长岛县最高的岛屿是高山岛，海拔202.8米；最低的岛是东嘴石岛，海拔7.2米。

庙岛群岛海域辽阔，条件优越，进行海珍品养殖有得天独厚的优势，适宜海参、鲍鱼、海胆、虾夷扇贝、海带的增养殖，盛产30多种经济鱼类和200多种贝藻类水产品，被命名为"中国鲍鱼之乡""中国扇贝之乡""中国海带之乡"。该地四面环海，八面来风，全年有效风能时间高达2300小时，是全国著名的三大风场之一。庙岛群岛旅游资源十分丰富，岛屿山清水秀，礁峻滩美，文化底蕴深厚，素有"海上仙山"之称，境内有被誉为"东半坡文化"的大黑山北庄遗址和中国北方建造最早的妈祖庙。九丈崖、林海公园、月牙湾等景区独具意蕴，渔家号子、海岛秧歌、祭拜海神等渔家民俗风情浓郁，是国家级自然保护区、风景名胜区和森林公园，被称为"中国最美海岛"之一。

● 海南岛——中国南海中的国际旅游岛

海南岛位于我国南海北部，雷州半岛之南。从平面上看，海南岛就像一只雪梨，横卧在碧波万顷的南海之上。海南岛面积3.39万平方千米，是我国仅次于台湾岛的第二大岛。海南岛与雷州半岛相隔的海域是琼州海峡。

海南岛长夏无冬，青山绿野生机盎然，森林覆盖率高达50%。热带雨林郁郁葱葱，藤蔓交错。海水中的红树林犹如海上森林，千姿百态。滨海大道椰树摇曳，热带风情浓郁。良好的生态环境，独特的地理气候、清新的空气使海南岛有"百果园""南药宝库""长寿岛""绿岛"的美称。

海南岛有长达1580多千米的海岸线，其中沙岸占50%—60%，沙滩宽数百米至上千米不等，海的坡度一般为五度左右，平缓延伸。多数地方风平浪静，海水清澈，沙白如雪。岸边绿树成荫，空气清新，海水温度一般为18℃至30℃。当北国千里冰封的时候，这里依然暖风和煦，可以海浴，被称为"东方的夏威夷"。省城海口，是著名的港口城市；三亚，被誉为"海洋旅游的天堂"。这里遍布理想的海水浴场和避暑胜地，如鹿回头、亚龙湾、大东海、天涯海角等。沿海还有火山爆发奇观。陵水县南海猴岛常使人津津乐道。海南岛的旅游资源得天独厚，一年四季皆宜旅游。

海南岛上的五指山，是海南岛的主峰，气势磅礴。五公祠、海瑞墓、琼台书院是著名人文景点，见证着海南岛的历史。

近年来，海南岛着力打造"国际旅游岛"，发掘、建设了一大批新老旅游景点，获得多项"世界之最""中国之最"的美誉。2009年，海南岛的"国际旅游岛"建设被列为国家战略规划。

● 香港——镶嵌在南海岸边的明珠

香港地处南海之滨珠江口东侧，全区包括香港岛、九龙、新界以及附近海域235个离岛，总面积为1103平方千米，人口约700万，是世界上人口最稠密的地区之一，其中华裔占95%，持外国护照人数48万，主要为菲律宾、印度尼西亚、美国、加拿大、泰国、英国等国人。

香港地理环境得天独厚、依山傍海、水阔港深、风景优美，是世界上最优良的天然海港之一，是世界上有名的自由港口与国际经济贸易中心，也是旅游购物的天堂。宛如一颗明珠镶嵌在世界的东方，有"东方明珠"的美誉。

香港由原来的一个小渔村发展而来，基于香港位居亚太地区的航道要冲，是进入中国广大腹地的重要通道，具有优良的天然深水港口条件。1839年，伦敦"东印度与中国协会"上书英国外交大臣巴麦尊，看好香港，预谋占据。1840年第一次鸦片战争结束后，中英签订《南京条约》，香港被英国割占。英国为贸易扩张需要，力图将香港建成为大型港口城市。1856年英法联军发动第二次鸦片战争，迫使清政府于1860年签署《北京条约》，自此九龙半岛南端，即今界限街以南地区由先是租借后是割让给英国。中日甲午战争后，英国又迫使清政府于1898年签署《展拓香港界址专条》，强租界限街以北、深圳河以南的九龙半岛北部大片土地以及附近230多个大小岛屿（后统称"新界"），租期99年。港英当局实行全面自由港政策，以大力吸引东西方贸易商为东西方贸易差价而到此经营，旋即使香港成了世界转口贸易和自由经济的中心繁华城市之一。1997年7月1日，中华人民共和国政府正式收回香港，设为特别行政区。

香港岛的北部是热闹市区，是全港的行政、经济、文化、商业的中枢；翻过太平山顶的南部，是美丽的海湾、阔人的别墅、喧嚣的渔港，还有工人区和著名的海洋公园。

香港是全球大航运中心之一，也是世界一流的国际集装箱港口，多年来稳坐世界集装箱港口的第一把"交椅"。

● 威尼斯——建在海水上的名城

威尼斯是意大利东北部城市，亚得里亚海威尼斯湾西北岸重要港口。城市主建于离岸4千米的海边浅水滩上，平均水深1.5米。由铁路、公路、桥与陆地相连。这座著名的水上城市由118个小岛组成，并以177条水道、401座桥梁连成一体，以舟相通，城内古迹繁多。有120座哥特式、文艺复兴式、巴洛克式教堂，120座钟楼，64座男女修道院，40多座宫殿和众多的海滨浴场。在历史上，有"水上都市""百岛城""桥城"之称。

威尼斯这座古老又美丽的水上城市，兴建于公元452年，威尼斯水下的土壤是肥沃的冲积土质，建城是就地取材的石块，加上用邻近内陆的木头做的小船往来其间；在淤泥中和水上，先祖们建起了威尼斯城。它是世界驰名的旅游中心，年有3百万游客。古老的圣马可广场是城市活动中心，广场周围耸立着大教堂、钟楼等拜占庭和文艺复兴时期的建筑物。离岸2千米处的线状沙洲——利多，是欧洲最著名的海滨浴场。威尼斯的风情总离不开"水"，蜿蜒的水巷，流动的清波，它就好像一个漂浮在碧波上浪漫的梦，充满着温情和诗意。

从地图上看，威尼斯的整体外形像一只海豚，而城市总面积不到7.8平方千米，各个小岛之间运河如蛛网一样密布其中，这些小岛和运河由大约401座各式各样的桥梁缀接相连，初来乍到很快便会迷失在这座"水城"中。好在有"大运河"呈S形贯穿整个城市。沿着这条号称"威尼斯最长的街道"，可以饱览威尼斯的精华而不用担心迷路。沿岸的近200栋宫殿、豪宅和七座教堂，大多建于14至16世纪，有拜占庭风格、哥特风格、巴洛克风格、威尼斯式等等，所有的建筑地基都淹没在水中，看起来就像水中升起的一座艺术长廊。平日里大运河真的像一条熙熙攘攘的大街一样，各式船只往来穿梭其上，最别致的当然还是贡多拉这种独特的船型。整个城市只靠一条长堤与意大利大陆半岛连接，可以说，威尼斯这座城市的存在，就是一个奇迹。

威尼斯的圣马可广场一直是威尼斯的政治、宗教和传统节日的公共活动中心，也被称为是世界上最美的广场之一。它的建筑的方法，是先在水底下的泥土上打下大木桩，木桩一个挨一个，这就是地基，打牢后，铺上木板，然后就盖房子，那儿的房子无一不是这么建造的。所以有人也说，威尼斯城上面是石头，下面是森林。当年为建造威尼斯，意大利北部的森林全被砍完了。这样的房子，也不用担心水下的木头烂了，它不会烂的，而且会越变越硬，历久弥坚。此前考古者挖掘马可·波罗的故居，挖出的木头坚硬如铁，出水后遇到氧气后才变腐朽。

除了圣马可广场之外，威尼斯还有毁于火中又重生的凤凰歌剧院，大师安东尼奥尼拍摄的电影中那些美得令人窒息的回廊。威尼斯作为文艺复兴的重镇，有过历史上最重要的画派之———威尼斯画派，乔尔乔涅、提香、丁托列托、委罗内塞等都是画坛著名大师。在意大利歌剧艺术发展史中，威尼斯也占有重要地位。这个城市昔日的光荣与梦想通过保存异常完好的建筑延续到今天，它独特的气氛令游人感到如受魔法，令凡是来过威尼斯的游客都念念不忘，流连忘返。歌德和拜伦都曾对威尼斯城赞扬备至，拿破仑则称其为"举世罕见的奇城"。

● 鹿特丹港——欧洲的海运之门

打开世界地图，一眼就看到蔚蓝的北大西洋和西太平洋上航线密集，其聚焦点正是欧洲小国荷兰的世界大港——鹿特丹。

鹿特丹位于欧洲莱茵河与马斯河汇合处。整座城市展布在马斯河两岸，把市区分成两半，而旧马斯河则像拥着孩子的母亲环绕城南，两河的几道河汊将鹿特丹城南分割成几块岛屿，这些河心岛便是鹿特丹主要港区和港口工业区。新马斯河及其延伸部——通海运河"新航道"，是鹿港主要航道。所以鹿特丹港有"城市港口"之称。

鹿特丹气候冬季温和，夏季凉爽，作为"郁金香之国"荷兰最大的对外窗口，市区内树木葱茏、绿草如茵，郁金香开放着，给人带来享受。

在老城区，许多街道路面是用石头铺成的，保留着数百年前的风貌。市内河道很多，有各种各样的船只游弋或停泊在河上。在建筑物近旁，在河畔，在桥边，荷兰独特的风车随处可见，构成一幅幅如画的景色。

鹿特丹位于荷兰福克角三角洲低地，低于海平面1米左右，河道纵横，上游水量丰盛，在汛期受风暴潮灾害严重。为此，1953年，荷兰实施了一项大型挡潮防洪和海口控制工程，命名为"三角洲工程"，也称为"北海大坝工程"。该工程是在荷兰西南部韦斯特思尔德的新水道口上，筑造拦海大坝和两扇巨大的防潮闸门，平整水道河床，建造供水排水的电力设施。它的建成使鹿特丹地区免受风暴潮灾害之苦，也成为鹿特丹重要的旅游景观。

鹿特丹有一座高185米的建筑物——欧罗马斯塔，意为"欧洲的桅杆"，欧罗马斯塔的外形也是一根高耸入云的巨大的桅杆，象征鹿特丹是一艘巨轮，待命起航，成为港口城市鹿特丹的标志。

● 冰山南极——茫茫海洋中的银色王国

如果认为世界上所有的山都坐落在陆地上，那就大错特错了。冰山，就是海上之山。海洋学家把漂浮在海洋上高出海面5米以上形态各异的巨大冰块统称为冰山。而南极冰山，是地球上冰山总量最多的地方，它所储存的淡水总量，约相当于其他各大洲所有湖泊、河流淡水总量的200倍。如果你有幸到达南极，极目望去，那漂浮的冰山宛如一座座洁白晶莹的玉山，在阳光的照耀下，如珍珠般令人眼花缭乱。那些千奇百态的南极冰山奇观，也使世界各国的南极科考队员们大饱眼福。

南极地区是最后一个被人类征服的大陆。这里是所有 7 大洲中最寒冷、最孤独、离人类各居住中心最远的地方。南极大陆储存热量的能力很差，除了 5% 的地面外，其他地区仍被冰雪覆盖着，南极洲的轴心地带是几千年的积雪所形成的巨大冰穹。它本质上是个荒漠地区，一年之中得不到多少湿气水分，地势极高，气温极冷，而且空气相当干燥。南极冰层在不断移动之中，大量的冰流向海洋的活动，造成南极地区一个特有的现象——冰障。巨大的筏状冰相互层叠推压入海并向外推进，经过海面下的海岸线注入外海，而仍保持着冰川的形态。

南极堪称世界上冰山的主要发祥地。由于南极地区气候极其寒冷，所以这里的降水实质上就是降雪。历经千万年，积雪压制成冰，最后形成所谓的大陆冰盖。据考证，大概在 560 万年前，南极冰山已经达到今天的厚度和体积了。冰山的形状主要有桌型和角型两种。整个南极大陆冰盖呈中突的盾状。这些冰山大小形状不一，最大可长达 100 多千米，宽几十千米，在海面上随波逐流、东游西荡。有的冰山体积较小，形态各异，典型的为险峻的山丘状或塔状，还有的酷似金字塔。在海上能观赏到这些多姿多彩的冰山，如游览冰雪雕塑世界一般，美不胜收。

南极地区是企鹅的王国。南极的帝企鹅和阿德莉企鹅，成千上万，成群结队，绅士般地在冰上漫步。阿德莉企鹅是数量最多的企鹅种类，它整个冬天都生活在冰上，有时也要逃脱海豹及杀人鲸的追杀。逃脱时，它可以垂直地往上跃出水面 2 米高，到达厚冰上的安全带。阿德莉企鹅有一种让人喜爱的特点，就是它使用卵石求爱的动作。帝企鹅的家庭生活很有趣，它们为繁殖幼企鹅所安排的生活规律，其严格性不亚于世界上任何其他动物。每年 3 月，它们从海里游回南极，成群结队摇摇摆摆地走，或者硬挺着前胸着冰滑行，总有办法找到每年使用的同一个群栖地。他们在这里开始配对，有互相合意的便相依为命。4 月或 5 月，雌企鹅产卵后把它交给雄企鹅保暖，雄企鹅夜以继日的照料企鹅蛋。等小企鹅快要出世的时候，雌企鹅也回来了，他们凭借叫声找到原来的伴侣，依偎在一起迎接孩子的诞生。

南极大陆茫茫的冰雪虽然单调，但常有奇妙景色。极光是极地特有的美丽风光。当南极光在天空出现时，时强时弱，冰原上就会映出各种变幻的色彩，妩媚动人。最常见的是在黑暗的天空中呈现飘动的光幔，如五光十色的幔帐从天上挂下来，也如千条丝带万顷碧波，有时犹如开满鲜花的花园，变幻无常，令人眼花缭乱。

南极已经成为世界各极地科考大国既竞争又合作，进行科学考察、展示科考水平、探索南极奥秘的"圣地"。中国在南极上也建有科考站，飘扬着鲜艳而神圣的五星红旗。

● 岛国马尔代夫——即将消失的海上花园

在印度洋海域中，有一个由北向南经过赤道纵列，由1192个珊瑚礁岛构成的如花环一般美丽形状的岛国，这就是马尔代夫。"马尔代夫"，就是印度文"花环"的意思。

马尔代夫长长的礁岛群岛地带，点缀在绿蓝色的印度洋上，像一串串宝石，有深绿、有淡蓝，海水清澄，煞是美丽，是旅游者的度假天堂。这里白净的沙滩、清澈的海洋、色彩丰富的珊瑚礁、多变的海底景色，大群大群五彩斑斓的热带鱼，构成了马尔代夫得天独厚的海上热带风情，赢得了世人"地球上最后的仙境"的美誉。

马尔代夫靠近赤道，属海洋性气候，全年平均气温约30℃。由于受海风影响，湿度较大。5—10月受季候风影响，雨量不多但时有骤雨，虽属热带，气候却并不炎热，日夜温差不大，基本上全年皆适合观光旅游。连接岛屿之间的交通工具，也是传统的多尼船。船只从船体、帆桁、钉、缆绳到帆都取材自椰子树，得益于原住民两千年与海相处的历史孕育出的绝佳的造船技术。

马尔代夫是全球潜水胜地之一，游客通常要坐多尼船入海进行船潜。度假岛屿饭店的等级，以及周围潜水点的分布，是选择岛屿进行旅游欣赏和体验的关键。一般的珊瑚礁岛屿，近岸20米以内的海水都不深，有的地方30米外便有如悬崖般的落差，但这里也是海鱼最多的地方。在阳光的照射下，海底世界美得如梦如幻。

马尔代夫一岛一景。搭乘多尼船巡游岛屿是一大乐趣，有的颇现代化，有的却依旧是原始风味，一般一个岛徒步半小时即可逛完。拜访当地土著村落是游客重要的旅游考察项目，穿梭在一幢幢灰白相间的石屋分隔的巷弄间，与悠闲自得的岛民打招呼，再搭乘多尼船到无人小岛浮潜，在白色的沙滩上享受各色海鲜烧烤，自然是其乐融融。

在马尔代夫，最丰饶的海洋资源是高产的鱼类，故渔业和观光业并列为马尔代夫的两大支柱产业。

但是，据联合国政府间气候变化专门委员会指出：1961年以来，全球海面平均每年上升1.8毫米，由于热膨胀，冰川、冰帽和极地冰盖的融化1993年以来加速到3.1毫米，如此一来，大约在100年之内，海平面的上升将会淹没整个马尔代夫。为此，岛国马尔代夫是呼吁全人类减少二氧化碳排放、降低全球气温升高的人为因素的最为积极的国家之一。也正是因为这样，很多旅行社都推出了"末日游"，让更多的人领略到马尔代夫的"最后的"美丽风光。

● 林林总总的鸟岛——海上飞鸟的乐园

海洋世界是奇妙的世界，不但是水中的鱼，还有天上的鸟，都构成海洋世界的魅力无穷的动物景观。

全球海洋上数不尽数的无人居住的小岛，往往是海上飞鸟家族的乐园。这里仅从我国近海众多的海岛中，从北到南选择几个知名的鸟岛为例，到那里看一看。

● 辽宁大连鸟岛

位于辽宁大连石城岛东部0.9千米的海面上，面积0.03平方千米。因其东面矗立着两尊极似镇守海关的将军的巨石，又名"形人砣子"。这里每年都有数以万计的水鸟筑巢安家，繁衍生息，形成了令人惊叹的鸟岛奇观。岛上栖息着黑脸琵鹭、黄嘴白鹭、黑尾鸥、小白鹭等30余种珍稀鸟类。它们黑白相间，或恣意嬉戏，或盘旋号叫。那万鸟齐飞，竞翔天空的景象，可谓恢宏壮观。其中，黑脸琵鹭是世界级濒危鸟类，目前世界仅存几百只，这里最多时有20多只。据鸟类专家考证，这里是它们在中国大陆的唯一繁殖地。

岛上最多的鸟是海鸥，它是留鸟，即长期留在岛上居住，因为这种海鸥的叫声像猫叫，当地人称它为海猫，所以该岛又叫"海猫岛"。

● 山东长岛鸟岛

鸟岛又叫车由岛，是庙岛列岛中一个十分小的岛屿，位于庙岛列岛的东部，面积仅有0.044平方千米。车由岛是多种候鸟迁徙的一个中转站，素有"万鸟岛"之称，每年来此岛生息的候鸟十分多，无法精确计算究竟有多少只。据调查统计，庙岛列岛之上共有220余种鸟类，占山东省鸟类总种数的67%，而其中车由岛上的鸟类无疑是异常多的。仅在车由岛上繁衍生息的夏候鸟就达1万多只。每年的4、5月间，海鸥在这里双双对对度完了蜜月，雌鸥便在岛上孵卵化雏了。刚出壳的小海鸥十分惹人喜爱，雌雄双亲便在巢中轮流照看雏鸥，又轮流外出觅食。其他像海鸥一样在车由岛繁殖的鸟类，还有不少。

每年来这里的候鸟有丹顶鹤、白尾海雕、白肩雕、大天鹅、鹗鹰、比利时红隼、丹麦云雀、瑞典乌鸦、萨尔瓦多蛎鹬等等。它们在南迁途中，过山越海，路途漫长，十分辛劳，需要找地憩息，在飞越渤海海峡时，庙岛列岛无疑是它们最好的中途栖息地。故此，庙岛列岛素有我国北方的"候鸟旅站"的美名。

● 浙江洞头鸟岛

在浙江温州湾（洞头洋）海域，属于洞头县。这里的鸟岛是一个鸟岛群，主要有6个，即北屼山屿、南屼山屿、北猫屿、双峰山岛、南摆屿、北摆屿。这些岛屿长年有海鸥、贼鸥、白鹭、白鹳、海燕、赤嘴鹭鸶等栖息繁衍。大多为候鸟，一般在4—9月集中在这些岛上，繁殖期有2—4次。高峰期在端午节前后，有的岛屿有上万只栖息翱翔。

北屼山屿，位于洞头鹿西岛东北海域，是一个无人居住岛，陆域面积5.5万平方米，为独峰岛，海拔56.2米，岛上表土稍厚，有茅草，有水源，附近海域为渔业定置作业区；岛上有灯桩一座。汛期岛有渔民居住，设有县政府保护鸟类资源通告牌。

南屼山屿，在鹿西岛东北面，北屼山屿之南，面积7.5万平方米，岸线长1395米。单峰岛，海拔60.9米。表土稍厚，有茅草，兼有马尾松，有水源。

北猫屿，在洞头岛东面，面积0.9万平方米，海拔27.7米；双峰山岛，面积2.4万平方米，海拔61.7米；北摆屿，面积1.5万平方米，海拔31.7米；南摆屿，面积1.5万平方米，海拔25米。

这些洞头鸟岛远离海岸，无人居住，由于这里气候温和，环境幽静，鱼类繁多，并有充足海鲜食料等，给一些鸟类的栖息、生存、繁殖提供了良好的自然环境，是鸟类繁衍生息的天然场所，生活着数万只海鸥、贼鸥、白鹭、白鹳、海燕、赤嘴鹭鸶等。这些鸟一年繁殖二至四次，以往每年 4 至 9 月份，以端午节前后为高峰期，海岛上万鸟盘旋，铺天盖地，极为壮观，故有"鸟岛"之称。

● 南海西沙鸟岛

即东岛，又名和五岛，为我国西沙群岛中的第三大岛。岛长 400 米，宽 1000 米，面积 10.55 平方千米，是上升珊瑚礁和珊瑚贝壳沙复合组成的岛屿，海拔仅 4—5 米。这里林木茂密，绿草如茵，树荫覆盖率 70%。满岛的灌木丛、抗风桐、银毛树为海鸟提供了天堂般的居住场所；四季的亚热带气候，为海鸟提供了理想的生活环境；四周的海中资源，丰富的鲜鱼鲜虾，为海鸟群提供了充足的食料。这里被称为"鸟的天下"，聚居着 40 多种鸟，主要有白鲣鸟、燕鸥和锈眼等。其中白鲣鸟是最常住的"居民"，有 5.6 万之众。

● 悉尼歌剧院——海滨建筑的艺术杰作

悉尼歌剧院位于澳洲悉尼，是 20 世纪最具特色的滨海建筑景观之一，也是世界著名的表演艺术中心，已成为悉尼市的标志性建筑。该歌剧院 1973 年正式落成，设计者为丹麦设计师约恩·乌松。

悉尼歌剧院坐落在悉尼港湾，三面临水，环境开阔，以特色的建筑设计闻名于世。其特有的船帆造型，加上悉尼港湾大桥，与大海和周围的景观相映成趣。它的外形像三个三角形翘首于河边，因而有"翘首遐观的恬静修女"之美称。那些濒临水面的巨大的白色壳片群，像是海上的船帆，又如一簇簇盛开的花朵，在蓝天、碧海、绿树的衬映下，婀娜多姿，轻盈皎洁。这座建筑已被视为世界的经典建筑载入史册。2007 年 6 月 28 日被联合国教科文组织评为世界文化遗产。

悉尼歌剧院的外观为三组巨大的壳片，耸立在南北长 186 米、东西最宽处为 97 米的现浇钢筋混凝土结构的基座上。第一组壳片在地段西侧，四对壳片成串排列，三对朝北，一对朝南，内部是大音乐厅。第二组在地段东侧，与第一组大致平行，形式相同而规模略小于歌剧厅。第三组在它们的西南方，规模最小，由两对壳片组成，里面是餐厅。其他房间都巧妙地布置在基座内。整个建筑群的入口在南端，有宽 97 米的大台阶。车辆入口和停车场设在大台阶下面。

音乐厅是悉尼歌剧院最大的厅堂，共可容纳 2679 名观众，通常用于举办交响乐、室内乐、歌剧、舞蹈、合唱、流行乐、爵士乐等多种表演。此音乐厅最特别之处，就是位于音乐厅正前方，由澳洲艺术家Ronald Sharp所设计建造的大管风琴，号称是全世界最大的机械木连杆风琴，由10500个风管组成。此外，整个音乐厅建材使用均为澳洲木材，忠实呈现澳洲自有的风格。悉尼歌剧院内部贝壳体开口处旁边另立的两块倾斜的小壳顶，形成一个大型的公共餐厅，名为贝尼朗餐厅，可接纳6000人以上。其他各种活动场所设在底层基座之上。剧院有话剧厅、电影厅、大型陈列厅和接待厅、5个排列厅、65个化妆室、图书馆、展览馆、演员食堂、咖啡馆、酒吧间等大小厅室900多间。

悉尼歌剧院是悉尼艺术文化的殿堂，是公认的20世纪世界十大奇迹之一，是悉尼最容易被认出的建筑。每天来自世界各地的观光客络绎不绝前往参观拍照，清晨、黄昏或星空，不论徒步缓行或出海遨游，悉尼歌剧院随时为游客展现多样的迷人风采。

● 迪拜帆船酒店——富人消费的海滨"天堂"

迪拜是阿拉伯联合酋长国的第二大城市。阿拉伯联合酋长国由七大"酋长国"组成，迪拜就是其中最重要的一个。它紧扼霍尔木兹海峡的"黄金水道"，沙漠腹地滚滚的石油滋养着这座奢华之城。20世纪中叶，这座海滨小城还相当朴素。大约三四十年之后，它奇迹般地脱胎换骨，霍尔河畔的摩天大楼，争先恐后，拔地而起。豪华轿车亮光一闪，平滑地穿过宽阔的林荫大道。迪拜王储并不满意治下的繁华，他一再拉财阀下海，几经辗转，著名企业家Al—Maktoum下了重注，把建筑一座世界上最豪华的酒店的地址选择在了海水最澄澈、沙滩最细软的地方，干了整整五年，像荷兰人那样围海造岛，把250根粗大的桩柱，深深地打在海底40米水下。迪拜人听惯了海潮与夯机的和鸣、看惯了繁星与钢花的辉映，9000吨钢材被牢牢地熔铸在一起。美轮美奂的巨型"船帆"终于驶入了波斯湾的涛声里。

迪拜帆船酒店外观如同一张鼓满了风的帆，建在海滨的一个人工岛上。酒店一共有56层、321米高，是全球最高的饭店，比法国艾菲尔铁塔还高上一截。而金碧辉煌的酒店套房，则让人感受到阿拉伯油王般的奢华。所有的202间房皆为两层楼的套房，最小面积的房间都有170平方米，而最大面积的皇家套房，更有780平方米之大，而且全部是落地玻璃窗，随时可以面对着一望无际的阿拉伯海。

阿拉伯塔酒店是世界上唯一的建筑高度最高的"七星级"酒店。因为酒店糅合了最新的建筑及工程科技，迷人的景致及造型，使它看上去仿佛和天空融为一体。这家酒店拥有八辆宝马和两辆劳斯莱斯，专供住店旅客直接往返机场，也可从酒店28层专设的机场坐直升机，花15分钟空中俯瞰迪拜美景。客人如果想在海鲜餐厅中就餐的话，他们将被潜水艇送到餐厅，这样他们就餐前可以欣赏到海底奇观。

客人一进酒店，就成了酒店的"上帝"，会有各负专职的"管家"提供使客人享受到充分豪华的服务，有一种阿拉伯油王般"尊贵"的感觉。在狠狠地让人感到吃惊之余，也让人感叹金钱的"力量"。

当然，这里只是富人们的"天堂"。这样的"天堂"，一般人是没有入住的"资格"，没有被当作这里的"上帝"的"福分"的。

● 青岛海湾——中国的"世界最美海湾"

2007年10月6日，世界最美海湾组织第四次全体大会暨世界最美海湾组织十周年纪念在巴西圣卡塔琳娜州的玫瑰海湾举行。会议上，青岛海湾以其整体的优美和"高质量"获得与会者认可，成为该组织认定的第一个来自中国的"世界最美海湾"，青岛市获授"世界最美海湾"证书。

成立于1997年的"世界最美海湾组织"，是联合国教科文卫组织支持下的一个世界性社会团体。该组织的宗旨是使世界上最美丽的海湾能够保持原有风貌，并成为海湾地区合理管理的国际参考。什么样的海湾可以当选"世界最美海湾"呢？据了解，其评选理念是使作为世界遗产的每一个海湾的巨大价值在当地、国家和世界范围获得公众的认可；指引人类深思旅游管理和自然景观保护的必要性。在世界最美海湾组织第四次全体会议上，各成员代表一致认为，在拥有800万人口的青岛，数十个高质量的优美海湾沿城市780千米的海岸线分布，其城市及海湾规模在世界最美海湾组织成员中具有鲜明特色，青岛有理由成为"世界最美海湾"之一。

青岛海湾是世界上30个享有"世界最美海湾"美名的海湾之一，这是中国第一个"世界最美海湾"。享有"世界最美海湾"美名的，还有越南下龙湾、美国旧金山湾、巴西玫瑰湾、法国波尔多海湾等。其中11处在欧洲，6处在亚洲，5处在非洲，4处在北美洲，3处在南美洲。

丰富的海洋资源

● 什么是海洋资源

海洋资源，指的是海洋水体及海底、海岸能够为人类使用的物质和能量。海洋资源具体包括海洋生物资源、海洋动物资源、海洋植物资源、海底矿产资源、海洋能源、海洋空间资源、海洋旅游、海水、港口等多种类型的综合性资源。海洋不仅美丽，而且富饶。海洋资源的种类繁多、储量巨大，因而被人们称为"天然的鱼仓""蓝色的煤海""盐类的故乡""能量的源泉""娱乐的胜地"。

海洋占地球表面的71%，仅就一般人认为咸咸的海洋水体而言，蕴藏着80多种化学元素，其资源价值到底有多大，就是一个天文数字。有人曾经计算过，如果将1立方千米的海水溶解的物质全部提取出来，除了9.94亿吨淡水以外，可生产食盐3052万吨、镁236.9万吨、石膏244.2万吨、钾82.5万吨、溴6.7万吨，以及碘、铀、金、银等等。

● 海洋生物资源

海洋生物资源又称"海洋水产资源"。在极为丰富的海洋资源中，海洋生物是和我们接触的最多、最直接的资源，是人类满足海鲜美食和日用海产品的主要来源。

全球海洋目前已知的海洋生物有30多万种。随着对海洋认知的深入，还会不断有新的海洋生物被发现。我国的海洋生物资源也非常丰富，已被描述的海洋生物已达2万多种，实际物种数量远远大于这个数字。据专家统计，在海洋植物中，我国已知大型藻类约120种，海草约13种，红树约30种。我国海洋生物的物种较淡水多得多，有记录的3802种鱼类，海洋就占3014种。此外，我国还拥有红树林、珊瑚礁、上升流、河口海湾、海岛等各种海洋高生产力的生态系统，对各类海洋生物的繁殖和生长极为有利。

海洋生物资源按种类大体分为：

（1）海洋鱼类资源。占世界海洋渔获量的80％还多。其中以中上层鱼类为多，约占海洋渔获量的70％，主要有鲱科、鲱科，鲭科、鲹科、竹刀鱼科、胡瓜鱼科和金枪鱼科等。

（2）海洋软体动物资源。占世界海洋渔获量的10％左右，包括头足类（枪乌贼、乌贼、章鱼），双壳类（如牡蛎、扇贝、贻贝）及各种蛤类等。

（3）海洋甲壳类动物资源。约占世界海洋渔获量的5％，以对虾类（如对虾、新对虾、鹰爪虾）和其他泳虾类（如褐虾、长额虾科）为主，并有蟹类、南极磷虾等。

（4）海洋哺乳类动物。包括鲸目（各类鲸及海豚）、海牛目（儒艮、海牛）、鳍脚目（海豹、海象、海狮）及食肉目（海獭）等。其皮可制革、肉可食用，脂肪可提炼工业用油，其中鲸类年捕获量约2万头。

我国海洋生物众多，但有不少种类现在已经属于"珍稀"，需要进行特别保护，否则有可能灭绝。在我国海洋生物保护体系中，属于国家一级保护物种的有儒艮、中华白海豚、中华白鲟、红珊瑚、库氏砗磲、多鳃孔舌形虫、黄岛长吻虫、鹦鹉螺、短尾信天翁、白鹳、黑鹳、玉带海雕、白尾海雕、白腹军舰鸟；属于国家二级保护物种的有斑海豹、北海狮、北海狗、长须鲸、座头鲸、黑露脊鲸、灰鲸、江豚、蠵龟、绿海龟、玳瑁、太平洋丽龟、棱皮龟、黄唇鱼、松江鲈鱼、克氏海马、文昌鱼、虎斑宝贝、冠螺、大珠母贝、鹈鹕、鲣鸟、海鸬鹚、黑颈鸬鹚。属于国际性保护的生物种类有鲸类、大砗磲以及珊瑚礁生态系和数十种鸟类。目前已经认识到需要增加保护的珍稀物种还有海豆芽、酸浆贝、中国鲎、龙虾、海马、半索动物（柱头虫类、舌形虫类）、散触毛虫、椰子蟹、海蛙和金丝燕等。

大约半个世纪以来，由于海洋环境污染加剧、捕捞失控、缺乏规划管理等问题，全世界的海域生态环境都发生了恶化，海洋生物资源丰富度锐减。部分河口、海湾及沿岸浅水区，由于不适当的拦河筑坝、围海造田、修筑海岸工程以及排污等人类行为，导致生态环境恶化，加剧了渔业资源的衰退。我国海洋环境恶化严重，不少海域中的海洋生物资源锐减。一些珍惜生物，如中华白鳍豚、斑海豚、海龟、文昌鱼等，减少更加明显，已经濒临灭绝的危险。如山东的胶州湾，1963年曾有141种生物，70年代还有30种，到80年代只剩下17种，现在更是稀少了。

● 海洋动物资源

海洋动物门类众多，比海洋植物更加繁复庞杂。我国已知原生动物门约2000种，海绵动物门200多种，腔肠动物门（如珊瑚、海葵、海蜇、水母等）已记录约1000种，多毛纲环节动物（如沙蚕、小头虫等）已发现900多种，甲壳动物（如虾、蟹等）已记录约3000种，软体动物门（如扇贝、鲍鱼、乌贼等）已发现约3000种，棘皮动物门（如海星、海参等）已发现580种，苔藓动物门也已发现约470种。海洋鱼类是最重要的海洋生物，是主要的海洋生物资源，在海洋渔业中占有举足轻重的地位，我国已知超过3000种，约占世界海洋鱼类的四分之一。

浩瀚的海洋中的海洋动物形形色色，富有生命的情趣。如大大的水母晶莹透明，随波逐流；小小的夜光虫闪闪发光，随波荡漾；各种各样的珊瑚美丽无比；五彩缤纷的海葵绚丽夺目；"顶盔贯甲"的虾蟹千奇百怪；"喷云吐雾"的乌贼狡猾有趣；海龟"老态龙钟"；海豹憨态可掬；海豚聪明灵巧；巨鲸硕大惊人……它们共同生活在熙熙攘攘的海洋大家庭里，组成光怪陆离、价值不等的海洋动物大千世界。

大多海洋动物的生活习性妙趣横生。当海参遇到敌害进攻无法脱身时，可以用分身法逃命，内脏迅速从肛门抛出。天敌看到颜色鲜艳的美味，就会舍本逐末地扑向海参的内脏，殊不知抛弃了内脏的海参还是可以活着的。

乌贼被称为海中"化妆师"，因为它实在太爱"打扮"了。乌贼十分善于利用体色表达感情。它体色发生突变，多半是因为感到恐惧和激动。到繁殖季节，雌乌贼用五彩缤纷的颜色表达对异性的爱慕。它们常常在自己的躯干上涂上一道道斑纹，犹如穿上了漂亮的睡衣。在海洋生物中，乌贼的游泳速度最快。它是靠肚皮上的漏斗管喷水的反作用力飞速前进，能跳出水面高达7米到10米。乌贼肚子里藏有墨汁，这在动物界是罕见的。

生长在北冰洋中的海象，睡觉更与众不同。它睡觉时不是平卧，而是垂直在水中，头部则露在水面上。令人喜欢的海狸，一般在白天睡觉，睡时仰着头，有时还磨牙。尤其是小海狸，睡觉最有趣，它们并排着睡，有的还把小脚掌枕在头下。

海洋动物不仅给人们的海洋观察带来许多乐趣，更是人们餐桌上的美食佳肴。至于海洋动物、生物在社会生活中的其他应用，比比皆是。例如红珊瑚，过去给皇帝的贡品有红珊瑚，治病入药有红珊瑚，佛教徒顶礼膜拜的佛珠是红珊瑚，清朝二品文官武将的顶戴还是红珊瑚，人们对红珊瑚的重视程度可想而知。

● 海洋植物资源

海洋植物种类繁多、形态万千，可以简单地分为两大类：低等的藻类植物，例如我们常吃的海带；高等的种子植物，例如生长在海边的红树和漂浮在海面上的大叶藻。

海洋植物在海洋世界中好比"肥沃草原"，既是海洋动物如鱼、虾、蟹、贝、海兽等的"天然牧草"，更是人类的"天然牧场"，营养丰富的"绿色食品"的重要来源，还是用途宽广的工业原料、农业肥料原料、海洋药物的重要原料。

藻类植物的大小极为悬殊。最小的单细胞藻类个体很小很小，只有在显微镜下才能看到它们；而最大的巨藻身长可达二、三百米，完全可以称得上是庞然大物。巨藻大多分布在美洲西部及大洋洲、南非等地沿岸，在几十米深的海水中形成繁茂的"水下森林"。巨藻是世界上个体最大的植物，也是最高大的植物，一般能长到70—80米，重量可达1百多千克。从显微镜下才能看得见的单细胞硅藻、甲藻，到高达几百米的巨藻，藻类植物有8000多种。

浮游藻的藻体仅由一个细胞所组成，在显微镜下看，其形体奇特而美丽，细胞的形状有球形、椭圆形、卵形、星状、扇形、树枝形等，并且颜色多样，有金黄、绿色、褐色、红色、粉红色，有的还能放出绚烂的光彩。它们是海洋中最重要的初级生产者，又是养殖鱼、虾、贝的饵料，是海洋"天然牧草"的主要成分。目前已在中国海记录到浮游藻1817种。

底栖藻的藻体种类繁多，有的只有一层很薄的细胞，如礁膜；有的有两层细胞，如石莼；有的中空呈管状，如浒苔；还有的藻体可分为外皮层、皮层和髓部，如海带、马尾藻。底栖藻的颜色鲜艳美丽，有绿色、褐色和红色。科学家们根据它们的颜色，把海藻分为绿藻类、褐藻类和红藻类三大类。

绿藻的藻体成草绿色，有单细胞的、有群体的；有丝状的、还有片状的。最常见的海洋单细胞绿藻是扁藻，它含有丰富的蛋白质，是海洋中小型动物的良好饵料。最常见的多细胞绿藻有石莼、礁膜（我国沿海渔民称之为海菠菜或海白菜），它们是人们喜爱的海洋经济蔬菜。还有浒苔，它可用来制作浒苔糕，味道十分鲜美。此外，还有羽藻、蕨菜、刺海松、伞藻等。

褐藻是海洋中特有的藻类植物，其特点就是体型较大，产量很高。褐藻的藻体呈褐色，多细胞，有丝状、片状或叶状，还有的呈囊状、管状、圆柱状或树枝状，一般都有圆盘状或分枝状的固着器或假根。褐藻中的大型种类，如海带可长到7—8米长；巨藻可长到300米长，素有"海底森林"之称。它们多数生长于低潮带或低潮线下的岩石上。巨藻是海藻中个体最大的一种海藻，人们称它为海藻王，它原产于美国加利福尼亚、墨西哥和新西兰沿岸。巨藻生长很快，每天可生长60多厘米，全年都能生长，每3个月收割一次，亩产可达50—80吨，其寿命很长，可生长12年之久。

海带是我国人民喜欢食用的海产品。它不但海味十足，而且营养丰富，含有碘等多种矿物质和多种维生素，能够预防和治疗甲状腺（俗称大脖子）等许多疾病。我国人民十分喜欢吃的紫菜、裙带菜、石花菜等，都是具有营养价值和药用价值的海藻。中国和日本等东方国家的人民，食用海藻和以海藻入药的历史非常久远。历史上英国海员有用红藻预防和治疗坏血病的记录；爱尔兰人民历史上也有过依赖红藻、绿藻度过饥荒年的记载。但总的看，西方国家食用海藻的习惯不如东方国家普遍。一位西方国家的海洋学家曾发出感叹：中国、日本人食用海藻就像美国人、英国人吃番茄一样普遍。他希望有一天，西方人也像东方人那样养成食用海藻的习惯。

小石花菜，藻体呈暗紫红色，线状，软骨质，矮小、密集丛生，高1.5—2.5厘米不等，羽状分枝，主枝与分枝间常呈直角，对生或互生，生殖枝钝圆。囊果着生在膨胀小羽枝的中部，多生长在中潮带的岩石或贝壳上，生长盛期大约5—6月。我国沿海广有分布，采摘方便，产量大，为人们喜食。

海藻产量巨大，仅位于近海水域自然生长的，年产量已相当于目前世界年产小麦总量的15倍以上。如果把这些藻类加工成食品，就能为人们提供充足的蛋白质、多种维生素以及人体所需的矿物质。我国的威海就有"海带故乡"的美誉。

有人做过测算，仅海洋中藻类植物，若全部加工成食品，足可满足300亿人的需要，更何况海洋中还有众多的鱼虾，只要好好保护海洋环境，海洋完全可以成为全人类未来的粮仓。

● 海洋药物资源

海洋中的各种动物和生物不仅是餐桌上的美食，还有许多是良好的药物资源，所以医药学家们在积极探求新的药物的同时，也在努力开发海洋药物资源。

人类大规模地开发海洋生物资源、研制新药，是从20世纪70年代开始的，并取得了显著的成果。传统的海洋药物中，有些种类今天仍被广泛的应用，如《中华人民共和国药典》中就收载了海藻、瓦楞子、石决明、牡蛎、昆布、海马、海龙、海螵蛸等10余个品种。其他的主要还有玳瑁、海狗肾、海浮石、鱼脑石，紫贝齿及蛤壳等。

海洋药物的发现和使用在我国约始于公元前1世纪以前，在古籍《神农本草经》上，就有海洋生物入药的记载，所以中国是世界上最早利用海洋生物作药物的国家，现已发现沿海可供药用的海藻50多种；无脊椎动物近300种；脊椎动物也近百种。

我们知道心脏病一直是困扰人类的一大疾病，如何更有效的治疗心脏病一直被医学工作者不断地探索。生活在太平洋底的盲鳗，是一种十分奇特的鱼，它有4个心脏，而且它的心脏能分泌出一种强烈的兴奋剂。科学家们从它的身上提取了一种可以用于治疗心脏节律失调的物质，以其为原料制成的药物是理想的高效强心剂，这种药物既能增加心脏向血管输送的血量，同时又能降低心跳频率，从而避免病人发生心力衰竭，成为医治心脏病的特效药物。

海藻也是良好药物的来源。科学家从红藻和褐藻中分离出了丰富的不饱和脂肪酸，被证实具有降血压、促进平滑肌收缩，扩张血管和防止动脉粥样硬化的作用。从海藻中提炼分解出的海藻胶，可以治疗多种金属中毒症。位于北大西洋中心的萨尔科斯海中生长着一种有强烈杀菌作用的黄色马尾藻，它含有的抗生物质，对治疗关节炎、胃溃疡、十二指肠溃疡、烧伤等病症，以及消除手术后的疤痕有良好的疗效。

癌症是当今社会威胁人类生命的主要病症。科学家们相继从鲨鱼体内、海绵、海鞘中提取出具有抗癌作用的物质。这些抗癌物质有的已用于临床试验，预计不久就即将投放市场。

科学家还对海兔的功能进行了研究。研究表明，海兔能分泌一种含毒素的液体，当它遇到敌害需要自卫时，消化腺中的毒素会迅速进入体表，与皮肤渗出的粘液混合。如果孕妇接触到这种混合物，会导致早产。海兔毒素的这种功能，已引起了计划生育专家的重视和关注。

蓝色贻贝能产生一种黏合剂，可增强细胞间的亲和力。目前，这种生物黏合剂已用于修复眼角膜和视网膜。

上述之外，海洋中的许许多多的动植物都是入药的良好材料。例如：海蜇可治妇人劳损、积血带下、小儿风疾丹毒；鲍可平血压，治头晕目眩症；海马和海龙补肾壮阳、镇静安神、止咳平喘；龟血和龟油可以给哮喘、气管炎患者带来福音；海螵蛸是乌贼的内壳，对胃病、消化不良、面部神经疼痛有良好的治疗效果；海蛇毒汁对半身不遂及坐骨神经痛等也有很好的疗效；此外人们还从海洋生物中提取出了一些治疗白血病、高血压、迅速愈合骨折、天花、肠道溃疡的有效药物。还有如从虾、蟹壳中提取的甲壳质制成的医用手术线，可被人体吸收，不需拆线，而且该手术线在胆汁、尿、胰腺中能很好地保持强度。如果你缺乏维生素A、D可以食用鳕鱼肝制成的鱼肝油；珍珠粉不但对止血、消炎、解毒等症状的治疗能力很强，而且珍珠粉还是女性们的至爱，可以用来美白养颜；另据专家介绍，如果你想更好地保持年轻和滋润，每周吃3次深海鱼也是不错的选择，而三文鱼又是所有深海鱼中对肌肤美容最具功效的鱼类。

海洋药物科学家用现代科学方法，已经从包括细菌、真菌、植物、动物等门类的海洋生物中筛选出的化学物质达2000种，其中大多含有药用价值。2009年，由中国海洋大学管华诗院士领衔主编的《中华海洋本草大典》已经出版问世。显然，现在发现的可用于药物的海洋资源还是众多海洋资源中的冰山一角，随着科学技术的不断进步和科学工作者的不断努力，会有越来越多的海洋药物被发现，造福人类。

● 海洋矿产资源

海洋中不但有陆地上几乎所有的各种资源种类，而且还有陆地上没有的一些资源。目前人们已经发现的海洋矿产资源有以下六大类：

（1）海洋石油天然气资源。据估计，世界石油极限储量1万亿吨，可采储量3000亿吨，其中海底石油约1350亿吨；世界天然气储量255—280亿立方米，海洋储量占140亿立方米。20世纪末，海洋石油年产量达30亿吨，占世界石油总产量的50%。我国在临近各海域油气储藏量约40—50亿吨。中国近海水深小于200米的大陆架面积有100多万千米，某中含油气远景的沉积盆地有7个：渤海、南黄海、东海、台湾、珠江口、莺歌海及北部湾盆地，总面积约70万平方千米，并相继在渤海、北部湾、莺歌海和珠江口等获得工业油流。

（2）海底煤、铁等固体矿产资源。世界许多近岸海底已开采煤铁矿藏。日本海底煤矿开采量占其总产量的30%，并在九州附近海底发现了世界上最大的铁矿之一。智利、英国、加拿大、土耳其也有对海底固体矿产的开采。我国大陆架浅海区广泛分布有铜、煤、硫、磷、石灰石等矿。

（3）海滨金石矿藏资源。海滨沉积物中有许多贵重矿物，如：含有发射火箭用的固体燃料钛的金红石；含有核潜艇和核反应堆用的耐高温和耐腐蚀的锆铁矿、锆英石；某些海区还有黄金、白金和银等。我国近海海域也分布有金、锆英石、钛铁矿、独居石、铬尖晶石等经济价值极高的矿藏。我国辽东半岛、山东半岛、广东和台湾沿岸有丰富的海滨砂矿，主要有金、钛铁矿、磁铁矿、锆石、独居石和金红石等。

（4）海底多金属结核和富钴锰结壳。多金属结核含有锰、铁、镍、钴、铜等几十种元素。世界海洋3500—6000米深的洋底储藏的多金属结核约有3万亿吨。其中锰的产量可供世界用18000年，镍可用25000年。我国已在太平洋调查200多万平方千米的面积，其中有30多万平方千米为有开采价值的远景矿区，其中15万平方千米已经联合国批准，由我国取得开采权。

（5）热液矿藏。这是一种含有大量金属的硫化物，海底裂谷喷出的高温岩浆冷却沉积形成，已发现30多处矿床。仅美国在加拉帕戈斯裂谷储量就达2500万吨。

（6）可燃冰。是一种被称为天然气水合物的新型矿物，其能量密度高，杂质少，燃烧后几乎无污染，矿层厚，规模大，分布广，资源丰富。据估计，全球可燃冰的储量是现有石油天然气储量的两倍。我国和日本、俄罗斯、美国均已发现大面积的可燃冰分布区。我国的可燃冰是在南海和东海发现的。据测算，仅我国南海的可燃冰资源量就达700亿吨油当量，约相当于我国目前陆上油气资源量总数的1/2。在世界油气资源逐渐枯竭的情况下，可燃冰的发现为人类带来了新的能源资源利用空间。

目前由于人类对两极海域和广大的深海区还调查得很不够，大洋中还有多少海底矿产人们还难以知晓。

● 海洋动力能源

海洋水体的动力能源，蕴藏着巨大的可利用空间。据联合国教科文组织估计，全球海洋中蕴藏的发电能力达到766亿千瓦，技术上有可能利用的为64亿千瓦，约为目前世界发电装机总容量的1倍。

海洋动力能源包括海洋潮汐能、波浪能、海流能、温度差能、盐度差能等。这些能量是蕴藏于海上、海中、海底的可无限使用的可再生能源。它们可以不断得到补充，永远不会枯竭。不像煤、石油等非再生能源，储量有限，开采一点就少一点，更不会对环境有任何的污染。人们可以把这些海洋能以各种手段转换成电能、机械能或其他形式的能，供人类使用。目前各个国家都在竭尽全力的开发这些可再生的新能源。

潮汐能，就是潮汐运动时产生的能量。人类对潮汐动力资源的利用，古代就开始了。我国唐朝在沿海地区，就出现了利用潮汐来推磨的小作坊。福建泉州的洛阳桥，宋皇佑五年（1053）兴建，嘉祐四年（1059）建成，是我国第一座海港大石桥，坐落在泉州市区东北约10千米的洛阳江入海口，即古万安渡的地方，故又名"万安桥"。桥长834米，宽7米，有桥墩46座，全部用巨大石块砌成。其中桥顶的大石板，就是利用海潮的顶托动力，将装运在船上的大石板顶托到桥顶位置的。这是我国古代人了不起的智慧。11—12世纪，法、英等国也出现了潮汐磨坊。我国元代初年为了南北大海运，兴建了打通胶州湾与莱州湾的海漕通道的胶莱大运河，其南北两端，都充分利用了海洋潮汐对漕船的顶托功能。到了20世纪，潮汐能的魅力达到了高峰，人们开始懂得利用海水上涨下落的潮差能来发电。据估计，全球海洋在同一时间的潮汐能约有20亿多千瓦，每年可发电12400万亿度。世界上第一个潮汐发电厂就安装在英吉利海峡的法国海岸的朗斯河河口，年供电量达5.44亿度。一些专家断言，未来无污染的廉价能源，就是永恒的潮汐。

波浪能，主要是由风的作用引起的海水沿水平方向周期性运动而产生的能量。一个巨浪就可以把13吨重的岩石抛20米高；一个波高5米、波长100米的海浪，在1米长的波峰片上就具有3120千瓦的能量。由此可见，整个海洋的波浪所具有的能量该是多么惊人。

海流也是可资利用的重要能源。海流遍布大洋，纵横交错，川流不息，蕴藏的能量也是可观的。例如有人测算，世界上最大的暖流——墨西哥洋流，在流经北欧时，在1厘米长的海岸线上提供的热量，大约相当于燃烧600吨煤的热量。

海水热能也不可忽视。海水的热量主要来自太阳的辐射。海水热能随着海域位置的不同而差别较大。海洋热能可转换或替代电能，据测算，可转换为电能的为20亿千瓦。

除了潮汐能、波浪能、海流能和海水热能，在江河入海口，淡水与海水之间还存在的盐度差能，鲜为人知，却同样重要。据测算，全世界可利用的盐度差能约26亿千瓦，比温差能的能量还要大。

由此可见，海洋中蕴藏着巨大的能量，只要海水不枯竭，其能量就生生不息。作为新能源，海洋能源已吸引了越来越多的人们的兴趣。只是就目前的开发利用的工程技术水平大多还不高，成本太大，商业开发利用受到限制。但随着世界各国对海洋能源作为无污染、可再生资源的重视，大规模开发、大规模使用，部分替代甚至完全取代传统的不可再生资源，为期不会太远。

● 海洋空间资源

地球是个大水球，71%的面积是海洋。海洋巨大的空间资源是不容忽视的。随着世界人口的不断增长，陆地可开发利用空间越来越狭小，并且日见拥挤，而海洋不仅拥有浩渺开阔的海面，更拥有无比深厚的海底和潜力巨大的海中水体空间。由海上、海中、海底组成的海洋空间资源，将是人类生存发展的新的巨大空间。

交通运输空间：包括海港码头、海底隧道、海上桥梁、海底管道、海上机场等方面。

生产空间：海上电站、工业人工岛、海上石油城、海洋牧场。

通讯电力输送空间：通信电缆包括横越大洋的洲际海底通信电缆、陆地和海上设施间的通信电缆，电力输送主要用于海上建筑物、石油平台等和陆地间的输电。

储藏空间：海底货场、海底仓库、海上油库、海洋废物处理场。利用海洋建设仓储设施，具有安全性高、隐蔽性好、交通便利、节约土地等优点。

文化娱乐设施空间：海洋公园、海滨浴场、海上运动区。随着现代旅游业的兴起，各沿海国家和地区纷纷重视开发海洋空间的旅游和娱乐功能，利用海底、海中、海面进行娱乐和知识相结合的旅游中心综合开发建设。如日本东京附近的海底封闭公园，游人可直接观赏海下的奇妙世界。美国利用海岸、海岛开发了集游览和自然保护为一体的保护区公园。青岛等地也建设有海底世界等。

● 海水化工资源

全球海洋是人类共同的遗产。巨量的海水资源，可以通过化学工程技术，变成巨量的人类生活资源。现在以确定的海水中含有80多种元素。海水化工资源的开发利用，具有广阔的前景。

海水化工资源的开发利用，目前主要有海水淡化、海水制盐、苦卤化工，海水提取钾、镁、溴、硝、锂、铀及其深加工等。

海水淡化。即从海水中获取淡水。目前人类面临的一个共同问题是淡水资源短缺。所以海水淡化，是开发新水源、解决淡水资源紧缺的重要途径。目前人类的海水淡化技术已取得了一定的成绩。据国际脱盐协会10年前的一项统计，截止到2001年底，全世界海水淡化水日产量已达3250万立方米，解决了1亿多人口的供水问题。目前，世界各沿海国包括中国，海水淡化已经较为普遍。淡化的海水可以作为饮水，大多用作锅炉补水、生产工艺用水和日常生活用水。国际上海水淡化水的价格，20世纪60年代、70年代是2美元以上，目前已经降到不足0.7美元的水平，接近或低于国际上一些城市的自来水价格。随着技术进步导致成本进一步降低，海水淡化的经济合理性将更加明显，成为解决人类淡水资源短缺的最佳方法。

海水提盐：海水提盐除原盐外，还可以制取洗涤盐、精制盐、加碘盐、肠衣盐、蛋黄盐和滩晒细盐等。我国海盐生产历史悠久，先秦时代即很发达，国家实行盐业专管专营制度，许多历史时期盐业税收占到国家财政收入的一半。我国至今沿海省、市、自治区都有盐田，所生产的海盐质量也不断提高，品种越来越多。

海水提钾：钾元素在海水中占第六位，共有600万亿吨海水中提钾，主要用来制造钾肥。氯化钾，就是从海水中提取的肥料。此外，钾在工业上可用于制造含钾玻璃，这种玻璃不易受化学药品腐蚀，常用于制造化学仪器和装饰品。钾还可以制造软皂，可用作洗涤剂。钾铝矾（明矾）可用作净水剂。

海水提溴：茫茫大海是化学元素溴的"故乡"，地球上99%以上的溴都在海水中，可谓源源溴素海中来。海水中溴含量约为65毫克/升，总量达100万亿吨。我国1967年开始用"空气吹出法"进行海水直接提溴，1968年获得成功。现在青岛、连云港、广西的北海等地相继建立了提溴工厂，进行试验生产。海水不但可以通过其热能和机械能等给我们电能，从海水中还可提取出像汽油、柴油那样的燃料——铀和重水。

海水提铀：铀在海水中的储量十分可观，达45亿吨左右，相当于陆地总贮量的4500倍，按燃烧发生的热量计算，至少可供全世界使用1万年。

● 海洋旅游资源

海洋旅游资源包括滨海沙滩、海水浴场、海水运动场、珊瑚礁区、沿海红树林区、海岸湿地、海滨、海岛和海底水下自然和人文历史景观等可供人们旅游鉴赏、愉悦体验的资源。

旅游业是当今各国各地都在积极发展的产业，海洋旅游以其独特的魅力和广阔的资源也正在发展起来。各地凭借所具有的海洋旅游资源，积极发展旅游业，发展旅游经济。现如今由于陆地上环境的污染等原因，海洋旅游越来越受到人们的青睐，特别是海洋空气中含有一定数量的碘、大量的氧、臭氧、碳酸钠和溴，灰尘极少，有利于人体健康，适于开展各种旅游活动。广阔的海洋和风光绮丽的滨海地带令人流连忘返。充分利用大海的自然风光，开发海滨旅游，也是人们利用与开发海洋资源的一个重要方面。

我国拥有丰富的海洋旅游资源，18000千米海岸线、6500多个海岛和近300万平方千米的海洋国土。其中，可供开发的滨海旅游景点达1500多处。一些地区较早的就提出了开发海洋旅游资源的口号，最早的要数舟山的普陀和宁波的象山。而象山早在1998年，就提出了"开发海洋旅游"的口号，红岩景区、海上风情园、金沙湾度假村等一批新景点吸引了众多游客。我们熟悉的北戴河、秦皇岛、青岛、连云港、普陀山、厦门、深圳、北海和海南的天涯海角等都是重点的海滨旅游区，每年都有大批的海内外游客到此观光旅游。而海洋旅游线路也成为我国居民出境游最重要的选择，像英国、意大利、美国、加拿大、冰岛、挪威、澳大利亚、新西兰、新加坡、马来西亚、泰国、等海洋旅游大国或地区，是我国居民最重要的旅游目的地。

国内外这些举世闻名的海洋旅游胜地，每年都有世界各地大量的观光游客慕名前往，既满足了旅游爱好者的欣赏需求又为当地政府提供了丰厚的财政收入，所以旅游业就成为一些国家的支柱产业。

由于海洋旅游资源的地理位置等因素的影响，使其具有自己的独特性。海洋旅游资源还具有季节性与地域性，这也是不同地区吸引游客的关键所在。海洋旅游资源依托于海洋及海岸带而存在，总是受着海洋性气候、海岸地貌等因素的牵制。海洋的深不可测给人们带来了神秘感，增加了人们对海洋旅游的吸引力。

海洋旅游资源集中的地方，往往形成重要的旅游景观。如上海的外滩、香港的海洋公园、青岛的栈桥等滨海城市景观。人类海洋活动形成的海洋历史景观，海中各具特色的海岛景观、陆海相连处的海岸景观、珊瑚礁等海底景观。我国的海岛景观丰富，对游客具有很大的吸引力。像四季常青的海南岛、山川秀丽的大陆岛、风光旖旎的珊瑚岛、险峻奇特的蛇岛、幻景迭出的庙岛群岛、峰峦叠错的万山群岛、千姿百态的火山岛等，都是大自然赋予人类的宝贵财富。海岸景观，这是海洋旅游中最基本也是最有魅力的景观。海岸带的山地，岩石往往被海水侵蚀成各种奇特造型，有较高的观赏价值，如大连金石滩是一种海上喀斯特地貌，千姿百态的礁石被誉为"海上石林""神力雕塑公园"；海滨山岳景观，像青岛的崂山就有"泰山虽云高，不如东海崂"的美称；海滨生态景观，包括红树林、湿地等，都是一幅幅美不胜收的自然图画。近些年来随着人们潜海技术能力的增强，海底景观鉴赏越来越成为人们海洋旅游的一大热门。

　　我国的海洋旅游业，已经成为我国海洋产业的最主要的产业，近些年来一直占据着我国全部海洋产业总值的1/3左右。从海洋产业产值上看，其重要性无与伦比。但是，随之相应的问题也开始出现了，那就是海洋生态环境的恶化。所以积极发展海洋旅游业的同时，更要重视保护海洋生态环境，防止海洋生态环境退化，尤其要防止对海洋旅游资源的直接破坏、建设性破坏，保证海洋旅游资源的永续利用。特别是像岛屿这种相对比较独立的单元，由于其特殊的地理条件，往往形成了比较特殊的生态环境、历史文化和风土人情等。但是，由于岛屿本身的空间极其有限，相应地环境承载力就非常有限，所以在开发海岛的同时更需要坚持可持续发展的原则。只有加强对海洋环境生态的保护，才能保持海洋旅游的魅力，保持海洋旅游的健康蓬勃发展。

繁忙的海上通道

● 海洋交通的工具——船

人类对海洋的利用，自古是八个字："鱼盐之利、舟楫之便。"两样都离不开海上交通工具——船。

船是跨越海洋实现交通的主要工具，自古至今都是如此。

船的发明和使用，是人类在利用海洋上最伟大、最重要的贡献。人类发明船、利用船的历史有多久，我们无从得知；从考古证据来看，有七八千年的历史，实际上更久，其历史自然十分漫长。

从现在所知看来，人类的船舶发明和使用的历史可以分为四个阶段。最早的木筏（以及竹筏）、独木舟。筏和独木舟哪个起源最早，都缺乏证据。人类早期历史的区域不同，环境条件不同，用树木方便，还是用竹子方便，现在已无从知晓。第二个阶段是帆船时代。这个时代持续有四五千年甚至更长的历史时期，在世界主要地区应用十分普遍。帆船时代的最主要特点，是船舶使用自然动力。第三个阶段是近现代船舶时代。这是一个船舶的非自然动力时代，即在船舶上使用外加的矿产燃料动力。船舶发展的这三个时期，都是船舶在水面上航行的时代。第四个阶段，是在第三阶段基础上的海洋立体交通时代。即船舶不仅在水面上航行，而且可以潜入海中、海底航行。

第二次世界大战后，海运事业蓬勃发展，海上运输的船舶数量、吨位和海运量都发展迅速。世界海运船舶向大型化、专业化、多用化、高速化和自动化发展。1973 年，日本建造了载重量为 48 万吨的油轮。1980 年改装而成的巨型油轮"海上巨人"号，载重量为 56.3 万吨。当今世界上的巨型油船，载重量已达 70 万吨；超过 40 万吨的大型船舶，全世界已有 30 多艘。船舶大型化可以降低运费和船舶成本，这是世界船舶大型化的主要原因。二战后，造船业以造专业船为主。后来，为了降低大型专用船只的空载率，各国又由专业船向矿砂——石油、矿砂——散货——石油、矿——煤等各种形式的两用或多用船发展，运费比专用船舶降低10%—30%。近年来，国际船舶市场围绕高速化和自动化的竞争十分激烈。

● 船的早期历史

早在石器时代，就出现了最早的船——独木舟，就是把一根大圆木中间挖空，载人载物，在水上漂浮，通过船桨实现掌握方向驶向目的地。后来，出现了帆船。人类发明和使用帆，主要借助于风力实现定向航行，船桨成为辅助工具，是人类航海的一大进步。帆船，一直贯穿着人类海洋文明的古代历史。这是最经济、最环保的海洋交通方式。近代之后，西方人发明了用蒸汽或柴油发动机提供动力的船，统称为机动船。人们贪图这种机动船快，可以造得很大，装货多，便纷纷抛弃了帆船。但这种现代船舶的弊端是耗费能源，而且造成海洋污染。今天人们用太阳能和喷气式发动机作为船的动力，航行的速度令人吃惊，有的最高时速已经可以达到500千米以上了。

有人说利用机器推进的大船称为轮船，这是不对的。古代已经有用机械轮子的船，但不是用燃油动力，而是用风力或人力。古代的轮船是木制的，在船两侧或尾部装有带桨板的轮子，用人力转动轮子，桨板向后拨水使船前进。现在的轮船，船身多用金属制成，以发动机作动力，并使用了螺旋桨。所有的船体都是中空的，因而重量较轻，能浮在水面上。

船，按用途可分为若干类。主要有渔船、商船、客船、战船等。渔船即渔家打鱼用的船。商船即航海商人用的船，主要是货船。客船只是载客的。战船主要是军舰，是军事用途船舶，现代战船只要有巡洋舰，驱逐舰等。潜水艇也是一种特殊的船舶。军事用途的潜水艇归于军舰类。此外也有用于海底科研考察等工作的工作船类潜水艇。还可用于海底观光等。

原始的独木舟，现代考古发现较多，有七八千年之前的。我国是世界上最早制造出独木舟的国家之一，并利用独木舟和桨渡海。在我国的河姆渡遗址有发现。原始的帆船，现在很难看到实物遗存。发现时代最早的遗物，是公元前2900年前后埃及人使用的帆船。一直到18世纪以前，帆船一直在海洋交通工具中占据统治地位。当时，许多帆船都是依靠一根桅杆张着一面帆前进。大约在距今500年前，开始出现有3—4根桅杆的多帆船，这种帆船船身坚固，不怕风浪。

有些人以为古代的船因都是木制的，不能造大船，这是错误的。中国是世界上能造大型木船的最伟大的国家，所造的大船世界上无与伦比。汉代水军司令叫作"楼船将军"，使用的是多层楼房式的大船。隋代隋炀帝乘坐的船，可以在上面跑马。郑和下西洋的指挥船，有128米长。

较大的船是货船，现代的大货船叫货轮。今天，大量不同类型的货轮航行在海面上，从大型油轮到小型拖船，从载车渡船到为搜寻损坏船只而特制的轮船。货轮很少有上层构造（主甲板上面的部分）。一般情况下，货船上有一座带烟囱的领航船桥。船桥下有发动机和住舱区。船的其余部分可容纳尽可能多的货物。它使得人们能够在世界不同地区之间进行贸易。

在中国，商代已造出有舱的木板船，汉代的造船技术更为进步，船上除桨外，还有锚、舵。唐代，李皋发明了利用车轮代替橹、桨划行的车船。宋代，普遍使用罗盘针（指南针），设计了避免触礁沉没的隔水舱。同时，还出现了10桅10帆的大型船舶。15世纪，中国的帆船已成为世界上最大、最牢固、适航性最优越的船舶。中国古代航海造船技术的进步，在国际上处于领先地位。

18世纪，欧洲出现了蒸汽船。19世纪初，欧洲又出现了铁船。19世纪中叶，船开始向大型化、现代化发展。

● 中国古代主要船型

中国是世界上造船历史最悠久的国家之一。在历史上，中国木船船型丰富多彩。到20世纪50年代估计有千种左右，仅海洋渔船，船型就有二三百种之多。我国古代航海木帆船中的沙船、鸟船、福船、广船，是最有名的船舶类型，尤以沙船、福船和广船驰名于中外。

● 沙船

沙船在唐代出现于江苏崇明。它的前身，可以上溯到春秋时期。沙船在宋代称"防沙平底船"，在元代称"平底船"，明代才通称"沙船"。

沙船有许多特点：第一，沙船底平能坐滩，不怕搁浅，在风浪中也安全。特别是风向潮向不同时，因底平吃水浅，受潮水影响比较小，比较安全。第二，沙船上多桅多帆，可以逆风驶航，能在海洋上远航。沙船上桅杆高大，桅高帆高，利于使风，又加上它吃水浅，阻力小，所以，能在海上快速航行。沙船不仅能顺风驶航，逆风也能航行，甚至逆风顶水也能航行，适航性能好。沙船航海性能好，七级风能航行无碍，又耐浪，所以沙船能远航。

沙船载重量，一说是四千石到六千石（约合五百吨到八百吨），一说是二千石到三千石（约合二百五十吨到四百吨），元代海运大船八九千石（一千二百吨以上）。清代道光年间上海有沙船五千艘，估计当时全国沙船总数在万艘以上。沙船运用范围非常广泛，沿江沿海都有沙船踪迹。早在宋代以前公元10世纪初，就有中国沙船到爪哇的记载。在印度和印度尼西亚都有沙船类型的壁画。

● 福船

福船是一种尖底海船，以行驶于南洋和远海著称。明代我国水师以福船为主要战船。古代福船高大如楼，底尖上阔，首尾高昂，两侧有护板。全船分四层，下层装土石压舱，二层住兵士，三层是主要操作场所，上层是作战场所，居高临下，弓箭火炮向下发，往往能克敌制胜。福船首部高昂，又有坚强的冲击装置，乘风下压能犁沉敌船，多用船力取胜。福船吃水四米，是深海优良战舰。

郑和下西洋船队的主要船舶叫宝船，它采用的就是中国古代适于远洋航行的优秀船型——福船型。

● 广船

广船产于广东，与沙船、福船成为我国古代的三大船型。它的基本特点是头尖体长，上宽下窄，线型瘦尖底，梁拱小，甲板脊弧不高。船体的横向结构用紧密的肋骨跟隔舱板构成，纵向强度依靠龙骨和大维持。结构坚固，有较好的适航性能和续航能力。广船起源于春秋时期或更早期，唐宋时期是发展成熟期，定型于元明，成为我国的一种著名船型。

● 柯克船

早在 12 世纪便已出现于维京船队，由维京船转变而来。长 10—30 米，可载百人左右。以风帆作为主要动力来源。载重 60 至 80 吨。船身短而偏圆，因此在海上航行时相对于当时的其他船种有很强的稳定性，也有相当不错的仓容量。而统长的甲板即便在恶劣天气中行驶也能有效地保护货舱避免进水。优异的性能使其很快成为汉萨（商业）同盟中的主要船种，14 世纪又成为英国的主要船型。到 15 世纪末达到鼎盛时期，有 1000 余艘柯克型船只在北欧海域上担当着各类贸易品的运输任务。柯克船在经过军事化改造后，依靠其不俗的稳定性和续航力，也被普遍用于海上护航、海域警戒。后期也经常参与海上作战。

● 卡拉维尔船

13 世纪在地中海的主流船型，载重量为 80—100 吨，在北欧的横帆传入地中海地区后，卡拉维尔船形成两个分支：全三角帆（即纵帆）的卡拉维尔船就称为卡拉维尔——拉蒂纳型，而横帆与三角帆并用的新型轻快帆船则称为卡拉维尔——雷登达型。15 世纪后期达到鼎盛时期，之后商用的卡拉维尔船逐渐被大型船只所替代，但以航速见长的卡拉维尔型船仍受到探险家的喜爱，被广泛用于探险活动中，并做出了杰出贡献。另外军方也很乐意将此型号的船只改进后用于商队的护航和海域的警戒。1584 年西班牙的无敌舰队中就能看到此型号战船的身影。

● 卡瑞克船

卡瑞克船又译为"卡拉克"。公元 1300 年，欧洲人开始改良北欧主流船种柯克型帆船。他们在柯克船的基础上增加了一根桅杆，主桅挂方形的大横帆，后桅挂三角帆，这便成了卡瑞克帆船的雏形。横帆纵帆的搭配使用，使卡瑞克型帆船拥有强大的适应力，既能在大西洋的强风中高速行驶又能在地中海多变的贸易风中操控自如的特性，受到商人们的热烈欢迎。经过不断的强化和改良，卡瑞克迅速取代了柯克型帆船成为欧洲的主流船型。到 15 世纪，军方的加入使卡瑞克型帆船成为重 2000 吨、3 桅杆、多层甲板的超级帆船。虽然投入实战的卡瑞克次数并不多，但它是由弓弩为主的战船到真正的炮船的重要转折，在欧洲舰船史上写下了重要的一笔。

● 盖伦船

自哥伦布发现美洲大陆后，随着欧洲列强在新大陆殖民地的扩大，当时欧洲比较普及的卡瑞克型和卡拉维尔型船只已不能承担越来越繁重的大西洋航运任务。注意到这点的列强们开始增加大型商用货船研发和旧型商船大型化的投入。随着包铜工艺的完善，16世纪初，以卡瑞克型船框架为基础，整合了卡拉维尔船的优点并采用新工艺后，盖伦型军民两用型船终于行驶在大西洋的黄金水道上，直到大航海时代结束。

盖伦船，全长46—55米，排水量在300—1000吨，后期大型盖伦船排水量甚至达到2000吨。风帆结构和布局与卡瑞克相似，但也有采用4桅构造以悬挂更多的帆布的型号。因为包铜技术的使用，船身采用了多层甲板和多层船楼构造的盖伦船在诞生后就受到西班牙军方和商人的青睐，在远洋线路上完全取代了旧型号的船只，被称为西班牙宝船。无敌舰队中配备了大量盖伦船，并根据其构造改良了接舷战术，这令当时处于敌对状态的英国苦不堪言，只能通过海盗的游击战来牵制西班牙海军。这种状况持续到1588年无敌舰队远征，遭到英国远程火炮和暴风的双重打击惨败为止。

● 东西方海上丝绸之路

丝绸之路，是古代对中国与西方所有来往通道的统称，实际上并不是只有一条路。除了陆上交通以外，还有一条经过海路到达西方的路线，这就是所谓的海上丝绸之路。

海上丝绸之路形成于秦汉时期，发展于三国隋朝时期，繁荣于唐宋时期，转变于明清时期，是已知的世界上最为古老的海上航线。在陆上丝绸之路之前，已有了海上丝绸之路。海上丝绸之路是古代海道交通大动脉。自汉朝开始，中国与马来半岛就已有接触。东汉（特别是后期）航船已使用风帆，大秦（罗马帝国）船只已第一次由海路到达广州进行贸易，中国带有官方性质的商人也到达了罗马。这标志着横贯亚、非、欧三大洲的，真正意义的海上丝绸之路的形成。尤其是唐代之后，东西方来往更加密切，作为往来的途径，最方便的当然是航海，而中西贸易也利用此航道做交易之道。

海上丝绸之路，主要有东海起航线和南海起航线。东海起航线沟通中国和朝鲜半岛、日本列岛、东南亚、南亚和非洲、欧洲；南海起航航线主要由广东、福建沿海港口出发，经中国南海——波斯湾——红海，将中国生产的丝绸、陶瓷、香料、茶叶等物产运往欧洲和亚非其他国家，而欧洲商人则通过此路将毛织品、象牙等带到中国。海上通道在隋唐时运送的主要大宗货物是丝绸，所以大家都把这条连接东西方的海道叫作海上丝绸之路。到了宋元时期，瓷器的出口渐渐成为主要货物。因此，人们也把它叫作"海上陶瓷之路"。

● 西欧对外航路的开辟

西欧国家探索东方的渴望是由多种原因造成的。最初的远洋航行，是为了寻找从西欧前往亚洲的海路航线，以带回东方的香料。因为从陆路到达亚洲的路程十分遥远，商队必须穿越亚洲的多个地区。而当时欧洲同亚洲的贸易已被威尼斯和热那亚等地的意大利商人垄断。西欧要想得到香料和其他海上贸易商品，只能自己探索新的航路。

1487年是一个重要的转折点，葡萄牙人迪亚士受国王若昂二世派遣，寻找新的对外航线。当时西欧人几乎从来没有出过"家门"，只是知道地中海之南的非洲大陆是有尽头的，但尽头在哪里，没有人知道。西欧人懂得，只有从非洲西海岸绕过非洲大陆的尽头，才有可能绕过南欧和中亚人控制的地中海，航行到达东方，与香料的原产地"接头"。迪亚士受国王派遣，其任务就是先寻找非洲大陆的最南端。他率三艘船只从里斯本出发，沿着西非海岸南下，在南纬29度遭遇暴风漂流了十多天，最后在1488年2月3日进入非洲南端的莫塞尔湾（Mossel Bay）。他发现了非洲最南端的厄加勒斯角和西南端的"风暴之角"，即常年风暴汹涌的海角。而这个风暴角，由于对西欧人来说太重要了，简直就是"希望"之所在，所以被若昂二世改名为"好望角"。这意味着进入印度洋的航线已被发现。

1498年，瓦斯科·达·伽马借由一位熟悉西印度洋季风规律的伊斯兰教徒领航，通过好望角航行，最终抵达印度，史书上称其为"发现了通往印度的新航线"。

但是，从西欧绕道航海到达东方，毕竟航路太遥远，航行艰难，而当时的西欧知道地球是圆的，从西欧向西航行，直跨大西洋，也许直接能够到达东方。于是，1492年，西班牙伊莎贝拉女王资助了克里斯托弗·哥伦布的探险活动，并写了一封致中国皇帝的国书让哥伦布带上，希望他找到向西航行到达东方印度、中国的路线。但西欧人当时对大西洋外边有什么一概无知，当然不知道西欧到达中国和印度的海路上还隔着一个块很大的大陆——即后来被取名为"美洲"的大陆。哥伦布终究没有抵达亚洲，他非常意外地发现了一片新大陆——美洲大陆。严格地说，在哥伦布到达美洲的一万多年前，亚洲文明便已发现并移民到了美洲，只是他们的存在从来不为欧洲人所知道。哥伦布以为是到达了印度，因而称这块大陆上的人为"印度人"，即"Indian"（印第安人）。

1499—1504年间，为西班牙国王效劳的意大利人阿美利哥·维斯普西考察了南美洲东北沿海地区，认为这里不是印度，而是一块"新大陆"。后人将这块大陆，以他"阿美利哥"的名字命名，即"America"，近人翻译成为"亚美利加"洲，今人翻译为"美利坚"。但是，虽然西欧人发现是他们自己搞错了，但他们将错就错，一直叫美洲土著人为"印第安人"。既然这里不是东方印度，于是西欧人就自称是他们"发现了新大陆"，并开始逐渐把这块新大陆变成他们的殖民地。

真正通过探险证实可以环绕世界航行的是麦哲伦。西班牙人虽然发现了美洲，但当时的美洲大陆还是一块"不毛之地"，远不如他们早就听说过的中国和印度"好""遍地是黄金""有利可图"，所以西班牙人决意要继续向西航行，以求从西面到达印度。1519年9月20日，葡萄牙人麦哲伦（1480—1521）在西班牙国王的资助下，率领一支由五条大帆船和266名水手组成的探险船队出航，先是沿着已知的航路向西航行，然后转向南，沿着美洲大陆摸索着南下。途中曾经因冬天的寒冷而停留相当长一段时间。此后，在春天到来之际发现了美洲南部的海峡，后来人们把这里称为"哲伦海峡"。在横渡太平洋时，麦哲伦的船队经历了严重的缺少食物和淡水的困难，一些丧失希望的人曾经发动反对麦哲伦的叛乱，叛乱的首领被麦哲伦抛在途中的荒岛上。1521年3月，终于到达了菲律宾群岛。麦哲伦的船队在这里得到了补充。但麦哲伦这个外来的"野蛮人"，在岛上被土著人杀死了。后来船队沿着已经熟悉的航路进入印度洋，最终好不容易返回了西班牙。当1522年9月船队返回西班牙时，水手们惊奇地发现所使用的日历少了一天。通过这次航行，地圆学说得到了确认。

新航路发现以后，世界的交往进一步扩大，但在初期，由于东西方在经济发展水平、武器等方面的差距，欧洲人开始了大规模的殖民活动，在非洲、亚洲和美洲占领殖民地，压迫剥削当地人民，进行奴隶贸易，给非洲、亚洲、美洲各国带来了深重的灾难。

● 西欧人的"大帆船贸易"

为了掠夺更多的原料，拓展更大的市场，从1579年起，西班牙国王允许其在墨西哥、秘鲁、危地马拉等地的商人从事横渡太平洋的贸易。他们乘西班牙大帆船从墨西哥的阿卡普尔科西航，以吕宋（今菲律宾）为落脚地。这样，西班牙——墨西哥——吕宋——中国，就形成了一条新的贸易航线，即所谓"大帆船贸易"。吕宋是主要的中继站，但吕宋——中国这一段航路主要掌握在中国商人手中。为了控制这一条贸易线，西班牙一方面禁止墨西哥以外的西属美洲直接参与，一方面力图在澳门或中国沿海的其他地方建立据点。1626年，西班牙终于占据了台湾的鸡笼、淡水，但为时仅仅15年，1641年就被同样借助于"新航路"争夺海外利益的荷兰人赶走了。所以西班牙与中国的直接关系不及葡萄牙以及荷兰、英国。尽管如此，大帆船贸易毕竟是16世纪末和17世纪国际贸易史上的重要一页，大量的丝绸、瓷器、茶叶、农产品、工艺品、金属制品和珠宝饰物等，经由这条新的海上通道运向墨西哥，其中不少货物又转运到南美各地和西班牙；同时，墨西哥银元大量流入中国，也正是经由这条航道，美洲的重要农作物如番薯、玉米、烟草、马铃薯、花生（美洲品种）等经菲律宾传入中国。

● 西班牙的"珍宝船队"

西班牙珍宝船队是指从16世纪开始，由西班牙组织的，定期往返于西班牙本土和其海外殖民地之间，运送贵金属和其他特产的大型船队。运输的货物包括金银、宝石、香料、烟草、丝绸等，西班牙皇室可以从货物中抽取五分之一。

珍宝船队通常包含有两支：一支是加勒比珍宝船队，由西班牙本土前往美洲新大陆，主要停泊港口包括哈瓦那、韦拉克鲁斯、波多贝罗、卡塔赫纳。另一支则往返于亚洲菲律宾和墨西哥西岸的阿卡普尔科之间，被称为马尼拉船队，负责将亚洲的货物送到墨西哥。之后，来自亚洲的货物会被运送到韦拉克鲁斯，并最终由加勒比珍宝船队运回西班牙。

从哥伦布1492年的第一次航海抵达"印度"开始，西班牙就源源不断地从"新大陆"获取贵重资源和特产。1520年后，为应对逐渐增多的陆上掠夺和海盗攻击，西班牙决定将分散的运输船组织成两支定期航行的大型船队，并为之配备了重武装，来往于西班牙与古巴和墨西哥等"新大陆"港口。

通过派遣定期船队，西班牙实际上控制了本土和殖民地之间的贸易。在西班牙法律里，殖民地自身只能与一个指定的本土港口进行贸易。但因为不少西班牙商人或其他国家的商人进行走私，使得实际上运到西班牙的货物要远多于记录在案的数量。

这样的垄断持续超过两个世纪，也使得西班牙成为欧洲最富有的国家。西班牙哈布斯堡王朝利用这些财富，在16和17世纪进行了频繁的战争，其对手囊括了奥斯曼帝国和除了神圣罗马帝国之外的大多数欧洲国家。但是，从殖民地大量流入的贵金属，终于在17世纪引发了欧洲的价格革命，并逐渐摧毁了西班牙的经济，同时也造成了美洲贵金属的减产。

从17世纪到18世纪中叶，欧洲国家在美洲抢占殖民地你争我夺，相互战争，就如不同的强盗团伙抢同一块肥肉。西班牙美洲殖民地和西属西印度群岛不断受到其殖民对手的侵袭，使得西班牙的航路一直受到威胁：英国于1624年取得了圣基茨，1655年占领牙买加；法国1625年夺取圣多明戈（法属圣多明戈，即现在的海地）；荷兰1634年占领库拉索。1739年，英国海军上将爱德华·弗农袭击了波多贝罗。1762年英国占领哈瓦那和马尼拉。所有这些，迫使西班牙不得不放弃了组织和维持大型运输船队的努力。1765年，西班牙放松贸易管制；1780年，不得不开放了殖民地自由贸易；1790年，负责管理殖民地贸易的机构关闭，这一年也成了珍宝船队定期出航的最后一年。

那些由于战斗或风暴而沉没的西班牙宝藏船，一直是现代寻宝者和打捞者的主要目标，其中部分船只和宝藏已经成功被打捞并重现于世。

● 西方罪恶的"三角贸易"

三角贸易，又称黑奴贸易。自从欧洲人"发现"了美洲之后，他们在美洲开设了大量的种植园、矿山，为了追求利润的最大化，欧洲殖民者需要大量的廉价劳动力。他们发现在种植园或矿山使用奴隶劳动，要比使用白人契约工便宜得多，又便于管理。所以奴隶贸易很快作为一桩赚钱的买卖兴隆起来，而非洲的黑人便成了他们猎取劳动力的主要对象。

最先从事奴隶贸易的是葡萄牙人，其后西班牙、荷兰、英国、法国都先后卷入这种惨无人道的奴隶贸易之中。在奴隶贸易的初期，殖民者曾组织所谓的"捕猎队"亲自掠奴，偷袭黑人村庄，烧毁房屋，把黑人捆绑着押往停泊在岸边的贩奴船，往往一夜之间把和平宁静的黑人村庄踏为荒无人烟的废墟。殖民者的野蛮暴行，遭到了非洲人民的反击。后来殖民者改变了方式，采取以枪支、火药诱骗某些沿海地带的部落酋长，唆使他们向内地袭击，挑动部落之间的战争，以便在交战中俘虏对方部落的人，出卖给欧洲的奴隶贩子。由于欧洲殖民者的挑动，这种部落间的"猎奴战争"，在前后持续了四百年的奴隶贸易过程中，始终没有停止过，造成非洲黑人的大量死亡。

殖民者在长期贩卖黑人的过程中，逐渐形成一套一本万利的"奴隶贸易制度"。他们贩运奴隶一般都采取"主角航程"：即，贩奴船满载着"交换"奴隶用的枪支弹药和廉价消费品，从欧洲港口出发，航行到西非海岸，称为出程；在西非海岸用货品交换大批奴隶，然后横渡大西洋，驶往美洲，称为中程；在美洲用奴隶换取殖民地的原料和金银，运回欧洲，称为归程。一次三角航程需要6个月，奴隶贩子可以做三笔买卖，获得100—1000%的利润。

在西非各港口，殖民者用木枷和锁链锁住抢来的奴隶，奴隶都被剥去衣服，供奴隶贩子像对待牲口一样挑选，被选中的奴隶就被火红的烙铁在身体上烙上标志，然后装上贩奴船。贩奴船的舱板之间的高度不到半米，奴隶们只能席"地"而坐。奴隶贩子为了多赚钱，总是超额一倍，甚至更多倍载运奴隶，把奴隶塞进船舱，使他们像"汤匙"一样卷曲着身体，人挨人地挤在一块。由于船舱拥挤、潮湿，空气污浊，经常出现传染病。患传染病的奴隶往往被投入海里，活活淹死。1874年"戎号"贩奴船一次就把132个患病的奴隶抛入大海。如果航行途中遇到风暴等恶劣天气，延误航期，致使船上淡水、食物不够时，奴隶贩子为了自己活命，也往往先把一部分奴隶活活抛入大海。

运到美洲的黑奴，在种植园主或矿山主的非人待遇下，有1/3的黑人在移居的头三年死去，大多数人活不到15年。每运到美洲1个奴隶，要有5个奴隶死在追捕和贩运途中。在长达400年奴隶贸易中，估计从非洲运到美洲的奴隶大约为 1200—3000 万。整个非洲大陆因奴隶贸易损失的人口至少有 1 亿多，相当于 1800 年非洲的人口总数。奴隶贸易使非洲大部分地方呈现一片荒凉景色，而欧洲奴隶贩子却从中赚了大量钱财，加快了欧洲资本主义的原始积累，促进了欧洲的经济繁荣。欧洲的繁荣，实际上是欧洲殖民者惨无人道地用亿万非洲黑人奴隶的生命换来的。

● 海上通道的拦路虎——海盗

自从人类开始利用船只运输以来，海盗便应运而生。特别是近代西方人的航海自 16 世纪发达之后，只要是商业发达的沿海地带，都有海盗。海盗大多不是单独的犯罪者，往往是以团体的形式在海上或沿海打劫。由于海盗的行动鬼鬼祟祟，很具特殊性，充满了神秘性，因此海盗自古就是人们观念中带有传奇甚至魔幻色彩的元素。关于海盗的演绎故事，在东西方世界都有传承不断。现代以来，以海盗为主题的电影、电视剧、动漫、音乐、电脑游戏层出不穷。而这些作品中呈现的骷髅海盗旗、独眼海盗形象，更是成为受人追捧的时尚元素。

西方海盗的历史可谓源远流长。西亚、北非和南欧海盗最早的记录，出现在公元前 1350 年，这被记载于一块黏土碑文上。在这期间，腓尼基人和其后的迦太基人都是优秀的航海家，其造船术和航海术遥遥领先于地中海上的正常航海者，横行无忌地打劫商船、掠夺城镇。

说到海盗，不得不提曾经让欧洲人闻风丧胆的北欧维京海盗。维京人生活在 1000 多年前的北欧，就是今天的挪威、丹麦和瑞典。当时欧洲人更多地将他们称为 Northman，即北方人。维京（Vikings）是他们的自称，在北欧的语言中，这个词语包含着两重意思：首先是旅行，然后是掠夺。他们远航的足迹遍及整个欧洲沿海各地，以海盗的身份抢劫掠夺。因此人们提起"维京"（Vikings）一词，就带着掠夺、杀戮等强烈的贬义。

最早见于历史记载的维京海盗，是《盎格鲁——撒克逊编年史》中记录的公元 789 年维京海盗的一次对英国的袭击，当时他们被当地官员误认为是商人，这些海盗杀死要向他们征税的官员。第二次记录是在公元 793 年。以后 200 年间维京不断地侵扰欧洲各沿海国家，沿着河流向上游内地劫掠，曾经控制俄罗斯和波罗的海沿岸，据说他们曾远达地中海和里海沿岸。其中的一支渡过波罗的海，并远征俄罗斯，到达基辅和保加尔。有些船队远航至里海，前往巴格达和阿拉伯人做生意。而更为著名的一支维京人向西南挺进，在欧洲的心脏地带掀起轩然大波。他们大肆劫掠不列颠半岛，并且还向欧洲大陆进行了侵扰。维京人对于欧洲历史尤其是英格兰和法兰西的历史进程产生过深远影响。

西欧人"新航路"的开辟，使得航海贸易业热了起来。新大陆的发现，殖民地的扩张，令世界各地游弋着各种各样满载黄金和其他货物的船只，各国的利益竞争和对殖民地的野心，为海盗活动提供了最大的温床。1691年至1723年这段时间，被称为30年的海盗"黄金时代"，成千上万的海盗活动在商业航线上。

随着工业时代的来临，各国海军实力大大加强，海岸巡逻更严密，海盗们再也没有了往日的辉煌，从18世纪末到19世纪初的相当长一段时间里几乎销声匿迹。然而，海盗并未从此绝迹。现代著名的海盗民族是菲律宾的摩洛人。马来西亚一带的马六甲海峡是海盗出没最多的海域。近年索马里一带印度洋海域海盗猖獗，往来该处的船只经常遭到洗劫，已引起国际关注，部分国家如美国、中国及新加坡更派军队对付海盗。现代海盗的性质已经不同于过去，不少海盗有了高科技化的特征。

● 西方"大航海时代"的著名海盗

西方历史上的著名海盗不胜枚举，尤其是在"大航海时代"，西方的海盗在西方社会经济生活中扮演了重要的角色。这里举他们中的几个代表人物。

● 海盗"专家"：威廉·丹彼尔

威廉·丹彼尔，1652年出生，英国人，在印度洋上当过见习水手，后来应征入伍成了一名皇家海军，并参加了英荷海战。1673年，21岁的他加入了西印度群岛一带的海盗集团，袭击西班牙的船只，1683年他们又转移到了几内亚湾里来打劫。凭着他的胆量和才干，很快就成了船长。和其他海盗不同，他对金钱和珠宝并不在意，却对气象、水文现象和海洋动植物有着浓厚的兴趣，多年作为海盗的航海经历让他对自然界的一切极为熟悉。1693年当他第一次回到伦敦后就根据自己的经历写成了《新环球航行》引起轰动。

1699年丹彼尔再次出航时已经是"皇家海军军官"，受命指挥罗巴克号军舰考察南太平洋。1700年2月中旬，他"发现"了今天的澳大利亚。此次航行让他绘制了完整的南太平洋地图。1700年丹彼尔回国发表了《风论》，在书中对大量气象规律进行了总结，成为海洋气象学史上重要的名著。而值得一提的是，丹彼尔在1708—1711年的环球航行中，在智利附近一个荒无人烟的岛屿胡安·菲南德发现了一个身着羊皮的"野人"，这个名叫亚历山大·塞尔科克的苏格兰人就是《鲁滨孙漂流记》主人公的原型。1715年，63岁的丹彼尔于伦敦病逝。尽管他曾是一名海盗，但是人们铭记的却是他对科学事业做出的贡献。

● 海上魔王：弗朗西斯·德雷克

弗朗西斯·德雷克，是活跃在16世纪后半期的一个海盗。他出生于英国德文郡一个贫苦农民的家中，从学徒到水手，最后成为商船船长。1568年，德雷克和他的表兄约翰·霍金斯做贩卖奴隶的生意，带领五艘贩奴船前往墨西哥，由于受到风暴袭击而向西班牙港口寻求援助。但是西班牙人对他们的欺骗险些让他丢了性命。从此后他发誓在有生之年一定要向西班牙复仇。

1572年，德雷克召集了一批人横穿了美洲大陆，第一次"发现"美洲大陆的西边竟然是浩瀚的海洋——即太平洋，同时在南美丛林里抢劫了运送黄金的骡队，接着又打下几艘西班牙大帆船，最后返回了英国。

1577年，他乘着旗舰"金鹿"号直奔美洲沿岸，向西班牙船队发起了进攻。在西班牙军舰追击下，德雷克逃往南方，由此"幸运"地发现了一条海峡，即今天的"德雷克海峡"。1587年，英国和西班牙的海战爆发，德雷克的海盗船队在这次英国击败西班牙无敌舰队的战争中起到了至关重要的作用。而德雷克也被封为英格兰勋爵，登上了海盗史上的最高的"宝座"。

● "红胡子"海盗：希尔顿·蕾斯

在"大航海时代"，希尔顿·蕾斯很有名，是因为他有留着红胡子的特点。为此，人们称呼他是"巴巴罗萨"（Hayreddin Barbarossa），也就是"红胡子"的意思。"红胡子"是奥斯曼人，共有兄弟4个，红胡子排行第四，本名阿错尔。父亲是一个陶工，有一艘运陶制品的船。父亲死后，四兄弟有三个干上了海盗，只有老三继承父业。后来兄弟三人中除了阿错尔以外都在抢劫时死了，只有他成了当时有名的海盗。因为他们兄弟只抢劫基督徒的船，苏丹赐给了他一个光荣的名字"海拉金"，意为"信任的美德"。

海拉金在地中海与西班牙争夺阿尔及尔，1529年打败西班牙，在阿尔及尔建立起了国家规模的海盗统治地位，没有遇到强有力的反抗。后来奥斯曼帝国进攻维也纳，皇帝查理五世任命热那亚人安德列·多里阿为地中海帝国海军元帅。而这时候苏丹把海拉金召到君士坦丁堡，任命他为奥斯曼帝国海军元帅，并宣布："我把所有船只交你指挥，把帝国的海岸托你保卫。"

多里阿与海拉金的战争一时不分胜负。多里阿在地中海东部取得一系列胜利时，海拉金率领强大舰队到了意大利海岸，搅得鸡犬不宁，人心惶惶。他在美塞尼亚湾击败多里阿，一直追击到威尼斯湾。1534年，他第二次来到意大利海岸，劫掠了雷佐和热那亚两城。

1538年9月25日，在希腊西海岸，多里阿统帅的西班牙—突尼斯联合舰队，同海拉金统帅的土耳其舰队展开了激战。最终多里阿战败，威尼斯被迫与苏丹签订了不平等条约，从此以后海拉金成了地中海权利无限的霸主，直到1546年去世。

● 海盗女皇：卡特琳娜

有着西班牙"海盗女王"之称的唐·埃斯坦巴·卡特琳娜，18世纪中叶出生于西班牙，是当时巴塞罗那船王的千金。她自幼喜武厌文，18岁时无法忍受父亲将她送到修道院的决定，逃离了家庭。她剪掉了自己的红发，女扮男装，开始了流浪生涯。为了活下去，她干过各种职业，在酒吧里当伙计，在邮局当邮差，参加过盗贼团伙，也干过水手。一年后在秘鲁她报名参加了陆军，并且成功隐瞒了自己的身份。但是后来在一次暴乱中，她错手杀死自己的哥哥，之后走上了海盗之路。在一次海战中，因为船长战死，卡特琳娜被推选当上了新的船长，到这个时候她才恢复女儿身。在后来的岁月中，卡特琳娜用自己的行动成了海盗女王。在西班牙和英国的联合围剿下，卡特琳娜的队伍被西班牙舰队击溃，她被带回马德里受审，经过一审就被判处死刑，但国民一致认为她无罪。国王菲利普三世干预法院重新审理了案件，最终将卡塔琳娜无罪释放。不仅如此，国王还亲自召见了这位"西班牙的英雄"，赏赐给她大笔金钱和封地。卡塔琳娜就一直住在那里，终生未嫁。

● "海盗王子"：基德

因为有一副名画《海盗王子》，画的是苏格兰海盗基德（William Kidd）的故事，于是"基德"这个名字，名声似乎比谁都大。

真实的基德1645年生于苏格兰，少年时期就开始了他漫长的航海生涯，20岁移民美洲，成为一个有丰富经验和高超航海本领的船长。1689年英法开战，他应征当上了武装民运船的船长，在西印度群岛和加勒比海一带同法国人作战，屡建战功，得到了英国女皇的亲自嘉奖。自1695年，基德开始了他的海盗生涯：偷抢印度商船。但是在一次劫持法国东印度公司的商船时，对方竟然悬挂出了"米"字旗，基德从此被英国通缉，但基德依然逍遥海上，而且"生意"越做越大，被"誉"为"海盗王子"。1699年，基德终于被逮捕，并被抄家。但抄家只找到1111盎司黄金，2353盎司白银，一磅多钻石，这只是冰山一角，其他宝物被藏在了哪里，人们无从得知。1701年5月9日，他被认定有罪判处绞刑，结束了他的生命，其尸体被吊在了泰晤士河边，示众长达两年之久。

据资料记载，"海盗王子""基德船长"的座舰是"奎达夫商人"号，曾装满了价值连城的金银、丝绸及其他宝物。基德被判处绞刑后，"奎达夫商人"号不知所终。全球许多寻宝者至今仍在疯狂地寻找它的下落。2008年，考古学家宣布，他们在加勒比海卡塔林娜岛近岸水下发现了大炮及船锚等沉船残骸，并确认这些残骸就是17世纪的"奎达夫商人"号。考古学家表示，他们惊讶地发现船只的残骸保存非常完好，没有被寻宝者毁坏过的迹象，但是船上的财宝却不见踪影。这给神秘的"基德船长"又蒙上了一层新的面纱。

● 另一个"海盗王子"："黑萨姆"

萨姆·贝拉米（Samuel Bellamy）是18世纪初期美洲东海岸著名的年轻海盗，仅仅活了28岁，但声誉很高，原因是他"特别能战斗"，很短时间就取得了"辉煌"的战果。他最先是加入别人的海盗船当上海盗的，1716年通过海盗特有的"民主"表决方式，取代了老船长，成为新的海盗头目。他四处大肆劫掠，取得丰硕的战果。1717年成功掠夺英籍大型贩奴船"维达号"。这是当时堪称海盗界的顶级战利品，满载贩奴所得，据估计有金银珠宝约4.5吨。他以"维达号"为旗舰，借由"维达号"的重装武力，在委内瑞拉的 La Blanquilla 岛上创建了他的海盗基地，从此他被"尊称"为"海盗王子"，成为当时美洲东岸海域最令人闻风丧胆的海盗之一。在极短暂的海盗生涯中，他率领海盗团劫掠了 50 艘以上的船舰。

萨姆·贝拉米还有一个称号是"黑萨姆"，传遍"新大陆"的海盗界，原因是贝拉米有一头黑色的长发，他通常以带子扎束成马尾。据说贝拉米的行事作风有别于当时其他的海盗，对俘虏十分宽大与慷慨，甚至在占领船舰后便将自己的旧船给予俘虏，让俘虏得以逃生。他的海盗团员们也自称"义贼团"。

不过"维达号"不久便于当年在鳕角近海遭遇暴风雨而触礁沉没，翌日人们在海滩上只发现了 9 名生还者及一些被冲上岸的尸体、船体残骸、钱币与杂物，头目贝拉米则不知所终，据传已葬身海底，结束了 28 岁的生命。

萨姆·贝拉米的这些宝藏于 1984 年被发现，委内瑞拉政府于 2007 年用这些宝藏建设国家旅游设施。有一本书叫《海盗共和国》，讲述了萨姆·贝拉米仅仅活了 28 岁的海盗生涯，还有众多海盗集团的故事。

● 转战欧美的海盗：罗伯茨

塞亨马缪尔·罗伯茨，一说巴沙洛缪·罗伯茨，1682 年出生于英国的威尔士，早年曾在武装民运船上服务，当了近 20 年普通水手后，37 岁时加入了"流浪者"号戴维斯船长的海盗帮。在一次和葡萄牙人的战斗中戴维斯被打死了，海盗们一致推举罗伯茨做了船长。

1719 年 7 月，他指挥"流浪者"号出发的第一件事就是为戴维斯报仇。他夷平了戴维斯遇害的葡萄牙殖民地，然后开始抢掠商船。之后他转战巴西沿岸，截获了一支 42 艘船组成的葡萄牙船队，抢得了大量的金银珠宝。不久，罗伯茨和 40 名手下为袭击另一艘商船，离开"流浪者"号，命手下沃尔特·肯尼迪掌管。谁知肯尼迪自命为船长，驾船自己"创业"去了。罗伯茨吸取了教训，制定了严格的规章制度。1720 年 6 月，"幸福"号高高悬挂着骷髅旗闯进了特雷巴西港将 150 余条船洗劫一空，7 月又袭击了 9 到 10 艘法国船只组成的船队，并选中其中一艘作为他新的旗舰"皇家幸福号"。此后到处都在通缉罗伯茨。到了 1721 年，加勒比海航运完全被他破坏了，他们开始转向非洲。

他一生掠夺了数百艘船只，其横行的地域延伸到巴西甚至更远的纽芬兰岛和西非地区，比同时期的基德和黑胡子都要多，数量可以与亨利·摩根媲美，在整个海盗史上也是数一数二的。这里需要提到的是罗伯茨除了自身有良好的习惯外，还完善了亨利·摩根的海盗法典，为他的海盗船队制定了严格的规章制度，并且严厉地执行，这也使他在海盗中有着极高的威望。

1722年2月10日晨，英国皇军海军的"皇家燕子"号巡洋舰遭遇了"皇家幸福"号，激战中，一块弹片炸开了罗伯茨的喉咙，他当场毙命。就这样，海盗史上最后一位伟大的船长塞亨罗缪尔·罗伯茨结束了生命。随着最后一位主角的退场，"30年海盗黄金时代"也在历史舞台上缓缓降下了它的帷幕。

● 当代"风云人物"：索马里海盗

最近几年的热门话题，就是印度洋亚丁湾海域索马里海盗对远洋运输船的威胁。1991年索马里内战的爆发，令亚丁湾这一带海盗活动更趋频繁，曾多次发生劫持、暴力伤害船员事件。索马里海盗有四大团伙：邦特兰卫队，他们是索马里海域最早从事有组织海盗活动的团伙；国家海岸志愿护卫者，规模较小，主要劫掠沿岸航行的小型船只；梅尔卡，他们以火力较强的小型渔船为主要作案工具，特点是作案方式灵活；势力最大的海盗团伙叫索马里水兵，其活动范围远至距海岸线200海里处。

索马里海盗猖獗，往来的船只经常遭到洗劫，尽管美国、中国及新加坡等国已派军队和巡洋舰护航以对付海盗，但海盗活动并未收敛。具有讽刺意味的是，2009年12月，索马里海盗居然当选为美国《时代》周刊年度风云人物。

● 现代轮船的诞生

1690年，法国的德尼·巴班提出用蒸汽机作动力推动船舶的想法，但当时还没有可供实用的蒸汽机，故设想无法实现。

1769年，法国发明家乔弗莱把蒸汽机装上了船。但所装的蒸汽机既简陋又笨重，而且带动的又是一组普通木桨，航速很慢，未能显示出机动船的优越性。

1783年，乔弗莱又建成了世界上最早的蒸汽轮船"波罗斯卡菲"号，但是航行30分钟后，船上蒸汽锅炉发生爆炸。

1790年，美国的约翰·菲奇用蒸汽机带动桨划水，其效率极低，菲奇的发明没有受到人们的重视。

1802年，英国人威廉·西明顿采用瓦特改进的蒸汽机制造成世界上第一艘蒸汽动力明轮船"夏洛蒂·邓达斯"号，在苏格兰的福斯—克莱德运河下水，试航成功。这是一艘30英尺长的木壳船，船中央装上西明顿设计的蒸汽机，推动一个尾部明轮。轮船的出现对拖船业主们是一个打击，他们以汽轮船产生较大的波浪为由，拼命反对。第一艘汽轮船被扼杀在摇篮里。

1804年，美国的约翰·史蒂芬森建成具有世界上最早有螺旋桨的轮船。由于推动螺旋桨的蒸汽机转速太低，所以他当时认为推进器还是轮桨较好。1807年，他建造了带轮桨的"菲尼克斯号"轮船。"菲尼克斯号"从纽约沿海岸驶向费城进行试航，途中遇到风暴。但经过13天的航行还是平安到达费城，这是世界上轮船首次在海上航行。

1807年7月，美国机械工程师罗伯特·富尔顿设计出了排水量为100吨、长45.72米、宽9.14米的汽轮船"克莱蒙特"号。船的动力是由72马力的瓦特蒸汽机带动车轮拨水。8月17日，载有40名乘客的"克莱蒙特号"从纽约出发，沿着哈德逊河逆水而上，31小时后，驶进240千米以外的奥尔巴尼港，平均时速7.74千米，从此揭开了轮船时代的帷幕。此后它在哈德逊河上定期航行，成为世界上第一艘蒸汽轮船。罗伯特·富尔顿被人们称为"轮船之父"。

1829年，奥地利人约瑟夫·莱塞尔发明了可实用的船舶螺旋桨，克服了明轮推进效率低、易受风浪损坏的缺点。此后螺旋桨推进器逐渐取代了明轮。

1884年，英国发明家帕森斯设计出了以燃油为燃料的汽轮机。此后，汽轮机成为轮船的主要动力装置。

这个用用蒸汽机为动力代替自然风力的"非自然"船舶时代，只有一个多世纪的历史。它的优点是可以大、可以快，它的缺点是耗能、污染。

● 世界海洋的主要航线

随着科技的不断发展，当今世界各国之间的经济往来越来越密切，逐渐形成了以下八条主要航线：

1. 北太平洋航线：亚洲东部、东南部—太平洋—北美西海岸（旧金山、洛杉矶、温哥华、西雅图等），是亚洲同北美各国间的国际贸易航线，随着东亚经济的发展，这条航线上的贸易量不断增加。

2. 北大西洋航线：西欧（鹿特丹、汉堡、伦敦、哥本哈根、圣彼得堡；北欧的斯德哥尔摩、奥斯陆等）—北大西洋—北美洲东岸（纽约、魁北克等）、南岸（新奥尔良港，途经佛罗里达海峡）。

3. 亚欧航线：也叫苏伊士运河航线，东亚（横滨、上海、香港等港口，途经台湾、巴士海峡等）、东南亚（新加坡、马尼拉等）—马六甲海峡—印度洋（南亚科伦坡、孟买、加尔各答、卡拉奇等）—曼德海峡（亚丁）—红海—苏伊士运河（亚历山大）—地中海（突尼斯、热那亚）—直布罗陀海峡—英吉利（多佛尔）海峡—西欧各国。

4. 好望角航线：西亚（阿巴丹等，途经霍尔木兹海峡）、东亚、东南亚、南亚—印度洋—东非（达累斯萨拉姆）—莫桑比克海峡—好望角（开普敦）—大西洋—西非（达喀尔）—西欧，载重量在25万吨以上的巨轮无法通过苏伊士运河，需绕过非洲南端的好望角。

5. 巴拿马运河航线：北美洲东海岸—巴拿马运河（巴拿马城）—北美洲西海岸各港口，是沟通大西洋和太平洋的捷径，对美国东西海岸的联络具有重要意义。

6. 南太平洋航线：亚太地区国家（悉尼、惠灵顿）—太平洋（火奴鲁鲁）—南美西海岸（利马、瓦尔帕莱索等）往来的通道。

7. 南大西洋航线：西欧—大西洋—南美东海岸（里约热内卢、布宜诺斯艾利斯等）的海上通道。

8. 北冰洋航线：东亚（海参崴）—太平洋—白令海峡—北冰洋—北欧（摩尔曼斯克）—大西洋—西欧。

● 世界著名运河

运河按照位置和作用，可分为海运河、内陆运河两大类型。同海洋交通运输息息相关、密不可分的是海运河。海运河是指位于近海陆地上，沟通内河与海洋，或海洋与海洋，主要行驶海船的运河。世界最著名的两条海运河，是苏伊士运河和巴拿马运河。

● 苏伊士运河

苏伊士运河于1859—1869年凿成，位于埃及境内，是连通欧亚非三大洲的主要国际海运航道。它连接红海与地中海，使大西洋、地中海与印度洋联结起来，大大缩短了东西方航程。它是亚洲与非洲的分界线之一。与绕道非洲好望角相比，从欧洲大西洋沿岸各国到印度洋缩短5500—8009千米；从地中海各国到印度洋缩短8000—10000千米；对黑海沿岸来说，则缩短了12000千米，它是一条在国际航运中具有重要战略意义的国际海运航道，每年承担着全世界14%的海运贸易。

从1882年起，英国在运河地区建立了海外最大的军事基地，驻扎了将近10万军队。第二次世界大战后，埃及人民坚决要求收回苏伊士运河的主权，并为此进行了不懈的斗争。1954年10月，英国被迫同意把它的占领军在1956年6月13日以前完全撤离埃及领土。1956年7月26日，埃及政府宣布将苏伊士运河公司收归国有。10月29日，英国伙同法国，并和以色列相勾结，发动对埃及的侵略战争，战争结局以埃及获胜而告终。

1976年1月，埃及政府开始着手进行运河的扩建工程。第一阶段工程1980年完成，运河的航行水域由1800平方米扩大到3600平方米（即运河横切面适于航行的部分）；通航船舶吃水深度由12.47米增加到17.9米，可通行15万吨满载的货轮。第二阶段工程于1983年完成，航行水域扩大到5000平方米，通航船舶的吃水深度增至21.98米，将能使载重量25万吨的货轮通过。

● 巴拿马运河

巴拿马运河位于中美洲的巴拿马，横穿巴拿马地峡，总长82千米，宽的地方达304米，最窄的地方也有152米，水深13—15米不等。该运河连接太平洋和大西洋，是重要的航运要道，被誉为世界七大工程奇迹之一和"世界桥梁"。整个运河的水位高出两大洋26米，设有6座船闸。船舶通过运河一般需要9个小时，可以通航76000吨级的轮船。

巴拿马运河由美国建成，自1914年通航至1979年间一直由美国独自掌控。不过，在1979年运河的控制权转交给由美国和巴拿马共和国共同组成的一个联合机构——巴拿马运河委员会，并于1999年12月31日正午将全部控制权交给巴拿马。运河的经营管理交由巴拿马运河管理局负责，而管理局只向巴拿马政府负责。

巴拿马运河是世界上最具有战略意义的两条人工水道之一，另一条为苏伊士运河。行驶于美国东西海岸之间的船只，原先不得不绕道南美洲的合恩角（Cape Horn），使用巴拿马运河后可缩短航程约15000千米。由北美洲的一侧海岸至另一侧的南美洲港口也可节省航程多达6500千米。航行于欧洲与东亚或澳大利亚之间的船只经由该运河也可减少航程3700千米。

● 中外著名海港

海港，是海船起航和归航停泊的地方。

世界上的沿海港口，大都位于通航河道的入海口，或者海岸线的某一可以避风停船的海湾，通过船舶这一载体，连接世界各地。港口的影响所及，包括沿海地区和以沿海港口为依托的经济腹地。

港口是一个国家或区域海洋交通运输的枢纽，对于沿海经济发展具有非常重要的意义。在整个沿海经济的大系统中，港口一直是为沿海工业、农业、商业、旅游业提供国内外跨海服务的地方，是人流、物流的集散地，所以一个利用率较高的港口，往往发展成为一个大的城市。

这里选择几个港口作为例子，做以简单介绍。

● 广州港

广州，中国南部沿海历史最为悠久、规模和影响最大的中心港口城市，也称"羊城""穗城"，还有"花城"之名，地处广东省东南部，珠江三角洲北缘，濒于南海，毗邻香港和澳门，是广东省省会，华南地区的政治经济文化中心和交通枢纽与贸易口岸，是中国的"南大门"。

广州古称番禺，因港而兴。远在秦汉时期，番禺港就是古代海上丝绸之路的主要始发港之一，时称"天下都会"。汉代为南海郡治所。公元226年，三国吴在此设州，始称"广州"。公元2—3世纪，广州与大秦（罗马帝国）之间的海上丝绸之路已经形成，两国互相有使者来往。公元4—5世纪的魏晋南北朝时期，广州与那婆提（爪哇）之间已有定期航船。至唐代，广州港成为中国乃至世界第一大港，往返于东西亚、亚非乃亚欧之间的中外航海贸易多以广州港为起止点和集散地。从广州港出发的商船，经南海、马六甲海峡、印度洋、波斯湾、红海等海域，抵达东南亚、南亚、西亚、欧洲、非洲沿海多达90多个国家和地区，把中国的丝绸、瓷器、茶叶销往世界各地，同时又把沿途象牙、明珠、宝石、香料、玳瑁等运到中国。这是当时世界上最长的一条国际海上航线。广州港每年入港的中外海船约4000艘。至唐代后期，侨居广州的阿拉伯、波斯、印度、南洋商人、僧侣多达12万人以上，时称"蕃客"，外侨居住区时称"蕃坊"。至宋元时代，通过广州港及这一时期崛起的泉州港（刺桐港）与中国建立贸易与朝贡关系的亚、非、欧国家多达140多个。此后，广州港一直是中国南方最为重要的港口。广州现存的港口与海外贸易历史遗址和名胜有近30处，著名的有：南海神庙、秦汉船场遗址、光孝寺、华林寺、怀圣寺光塔、清真先贤古墓、琶洲塔、赤岗塔、莲花塔、粤海关、镇海楼、蕃鬼山外国人墓地等。

现在的广州港港区分布在广州、东莞、中山、珠海等市的珠江沿岸和水域，从珠江口进港，依次为虎门外港区、新沙港区、黄埔港区和广州内港港区。港口岸线连绵423.5千米，航道总长173千米，与80多个国家和地区的300多个港口以及国内100多个港口通航，现在位列世界著名的十大港口之一。

● 泉州港

泉州港已有1500多年的历史，是我国古代著名的海外交通的重要港口之一。

早在公元6世纪的南朝，印度僧人拘那罗陀于陈武帝永定二年（558）和陈文帝天嘉六年（565）两次到泉州，在泉州西郊九日山上翻译《金刚经》，后由泉州乘船到棱加修国（今马来半岛）和优禅尼国（今印度）。随着南方社会经济、文化的发展，泉州港的海外交通日益繁荣。

唐王朝在泉州设参军事，管理海外交通贸易事宜。唐代来泉州贸易的外国商人主要是阿拉伯和波斯人，还有东南亚以及印度、埃及、日本、朝鲜等国家和地区的人。为了表示对外商的关照，唐王朝规定对外商征收税赋很低，"任其来往通流，自为交易，不得重加率税"。

五代时，泉州为闽国辖地，闽王王审知很重视海外贸易，"招来海中蛮夷商贾"，泉州的海外交通得到进一步发展。

宋元时期，泉州海外交通、贸易空前繁盛。泉州港（亦称刺桐港）被誉称为"世界最大贸易港"之一而驰名中外。

宋时泉州与国外往来的有70余个国家和地区，海外交通畅达东、西二洋，东至日本，南通南海诸国，西达波斯、阿拉伯和东非等地。进口商品主要是香料和药物，出口商品则以丝绸、瓷器为大宗。

宋元祐二年（1087），泉州设立市舶司，以接待外国贡使和外商。为鼓励海外交通贸易，宋代的泉州市舶司和地方官员，每当海舶入港或出航的季节，特为中外商人举行"祈风"或"祭海"活动，以祝海舶顺风安全行驶。

元代，泉州港得到了进一步的发展，有贸易关系的国家和地区增至近百个，其贸易范围仍以通西洋为主，相对稳定的航线大抵与宋相仿。当时泉州港是国际重要的贸易港，也是中外各种商品的主要集散地之一。经泉州港进口的香料有58种，宝货珍玩12种，工业原料27种，纺织品19种，金属物9种，器用品6种，副食品7种。经泉州出口的丝绸织品54种，陶瓷器41种，金属、杂货和药物63种，远销到64个国家和地区。

进入明代，为了抗倭，明政府施行"海禁"，规定泉州港只通琉球，后来将市舶司移到福州，自此泉州港地位下降。晚清之后，由于现代化船舶需要深水港，泉州港的外贸业务由新崛起的厦门港所取代。

● 鹿特丹

鹿特丹是荷兰第二大城市，曾经是欧洲最大的海港，甚至也曾是世界上最大的海港。它位于欧洲莱茵河与马斯河汇合处，有新水道与北海相连。港区水域深广，内河航船可通行无阻，外港深水码头可停泊巨型货轮和超级油轮。

鹿特丹地势平坦，位于荷兰低地区，低于海平面1米左右。城市市区面积200多平方千米，港区100多平方千米。市区人口57万，包括周围卫星城共有102.4万。鹿特丹港是连接欧、美、亚、非、澳五大洲的重要港口，有"欧洲门户"之称。

二战后，随着欧洲经济复兴和共同市场的建立，鹿特丹港凭借优越的地理位置得到迅速发展：1961年，吞吐量首次超过纽约港（1.8亿吨），成为世界第一大港。此后一直保持世界第一大港地位，直到近年来被亚洲港口超过。目前，鹿特丹年进港轮船3万多艘，驶往欧洲各国的内河船只12万多艘。鹿特丹港就业人口7万余人，占全国就业人口的1.4%，货运量占全国的78%，总产值达120亿荷盾，约占荷国民生产总值的2.5%。

鹿特丹港区服务最大的特点是储、运、销一条龙。通过一些保税仓库和货物分拨中心进行储运和再加工，提高货物的附加值，然后通过公路、铁路、河道、空运、海运等多种运输线，将货物送到荷兰和欧洲的目的地。

● 新加坡港

新加坡港位于新加坡海峡的东南侧，是亚太地区最大的转口港，也是世界最大的集装箱港口之一。该港扼太平洋及印度洋之间的航运要道，战略地位重要。它自13世纪开始成为国际贸易港口，目前已发展成为国际著名的转口港。新加坡港的发达，使新加坡成为一个发达的城市国家，工业以电子电器、炼油及船舶修造为三大支柱部门，高科技产业发展迅速，是世界上电脑磁盘和集成电路的主要生产国，并且是世界三大炼油中心之一。旅游业也是新加坡的主要外汇来源之一。新加坡境内自然资源缺乏，粮食的全部和蔬菜的半数均依靠进口。

2006年，新加坡港以2480万标箱（TEU）位居全球第一集装箱港口。

● 上海港

上海港，地处中国南北沿海中部、长江三角洲沿海顶端，以"大上海"为城市依托，以长江三角洲和广大内陆为腹地，水路交通十分发达，是我国大陆地区最大的港口。目前，上海市内河港区共有3250个泊位，最大靠泊能力为2000吨级，港口经营业务主要包括装卸、仓储、物流、船舶拖带、引航、外轮代理、外轮理货、海铁联运、中转服务以及水路客运服务等。1996年1月，上海国际航运中心建设正式启动。2002年6月，洋山深水港区开工建设，上海港的主体又从河口港转换为海中港，货物吞吐量和集装箱吞吐量稳居世界前三、国内第一位。

● 青岛港

青岛港是国家特大型港口，由青岛老港区、黄岛油港区、前湾新港区和新近兴建的董家口港区组成，主要从事集装箱、煤炭、原油、铁矿、粮食等各类进出口货物的装卸服务和国际国内客运服务，与世界上130多个国家和地区的450多个港口有贸易往来，是太平洋西海岸重要的国际贸易口岸和海上运输枢纽，世界十大港口之一。

悠久的航海历史

地球表面被70.8%的海洋所覆盖
海洋是人类未来生存和发展的家园

● 贝丘遗址——原始先民海洋生活的见证

"贝丘"是一个古老的词汇，最早见于《左传》。它是住在海边的原始人把吃贝类生物剩下的贝壳，丢弃在居住地附近，长期堆积而成，因为形状似小山丘或长堤，故被称为"贝丘"或"贝堤"。

20世纪初，在中国沿海一带，考古学家先后发掘出许多贝堤，大的贝堤长达几千米，贝丘的直径大约百米。在这些贝壳堆里，还混杂着石制箭头、网坠等渔猎工具、各种食物的残渣以及石器、陶器等文化遗物，有的还有房基、墓葬等遗迹。这是生活在沿海的先民留下的遗迹，考古学家称之为"贝丘遗址"，把那时的文化叫作"贝丘文化"。

我国的贝丘遗址，北自辽宁至山东、江苏的渤海、黄海沿岸地区，东到浙江至福建、台湾的东海沿岸地区，南至广东、广西、海南岛的南海地区都有大量出土。其中，黄、渤海沿岸的贝丘遗迹发现最多，仅辽宁长海县的岛屿就发现了10多处。渤海湾中的小长岛大庆山北麓的贝丘南北长约500米，东西宽约300米，堆积厚度以0.3米到3米不等，据测算整个贝丘的体积达75000立方米，是我国目前发现堆积面积最大的遗址，贝壳的种类有鲍鱼、海螺、海蛤等。大长山岛上马石贝丘，长约300米，宽约150米，贝壳堆积厚度0.6—3米。贝丘中还出土有网坠、石斧等。台湾台北圆山的贝丘，直径数百米，厚度达4米，是我国目前发现堆积厚度最高的遗址，贝类有水晶螺、小旋螺、牡蛎等。

这些小小的贝壳形成贝丘，真如铁杵磨成针，经过了漫长的岁月。据鉴定，这些贝壳堆的"年龄"大都在5000年以上，延续了数千年，处于新石器时代，说明我们的祖先早在此时已经开始了对海洋资源的开发利用。那时，贝丘人的生产力水平十分低下，生产活动主要以采集为主，靠海吃海，以海贝肉作为维持生存的主要食物。从大量贝丘的堆积物中可以看出对海洋的认识已经有了很大的进步。先民们最初在海边采拾贝类，随着时间的推移，贝丘人对日夜不息的潮汐现象有了新的了解，能抓住潮退的有利时期，采拾更多的海贝，也认识了生长在海洋中的生物——贝类、鱼类以及海龟等的生活习性，能下海捕捞鱼类、贝类等，更重要的是为方便采集，贝丘人也制造了大量工具。像采拾蛤仔，蛤仔是生活在潮间带到几十米深的贝类。当海水退去的时候，它们会将自己埋在泥沙里以防外敌，而不是裸露在海滩上，贝丘人十分熟悉这种贝类的生活习性，大量采拾，供自己食用。获取牡蛎在古代是一件不容易办到的事，因为它吸附在低潮线以下的岩石上，其闭壳肌相当有力，用手很难剥开，贝丘人就发明了一种采拾牡蛎的专用工具——蚝蛎啄，广东东兴滨海的贝丘遗址就出土了204件蚝蛎啄。

随着时间的推移，生产力水平的提高，贝丘人生产活动的范围也不断扩大，农业活动逐渐开始了，经过近千年的时间，贝丘人的时代终于结束了。

贝丘人迈出了开发利用海洋资源和从事海洋生产活动的第一步，贝丘遗迹是新石器时代人类海洋渔猎活动的见证。

● 中国古老的海洋民族——东夷人

在中国的远古时期，在东部沿海一带生活的族群，史书中称之为"东夷"。他们主要分布在今山东东部、江苏北部和河北南部，因其族系众多，又泛称"九夷"。他们所创造的东夷文化，是华夏文明起源中重要的一元，在考古上表现为北辛文化、大汶口文化、龙山文化和岳石文化等。山东半岛是东夷文化的核心地区。无论古人还是今人，无论考古学界还是历史文化学界，人们所说的"东夷文化"，不管其涵盖的区域范围多大多小，都把山东半岛作为东夷文化的中心发祥地。

"夷在海中"。东夷民族是中国早期的海洋民族，东夷文化是中国早期的海洋文化。

由于深受海洋的影响，东夷文化具有着厚重的海洋文化性质。首先，东夷人靠海用海，从海洋中获取物质生活来源，不仅大量食用，而且将贝等海物作为装饰品、货币以及铲、锄等工具。其次，东夷人的航海活动开拓了东北亚海上交往越渤海，抵辽东、朝鲜半岛及日本列岛的传统航线。同时，靠海用海和屡涉风涛，东夷人产生了人面鸟身的海神信仰，鸟崇拜和太阳崇拜，是东夷民族信仰的特征。

在农业还没发展起来以前，渔猎是东夷人生活的最重要的手段，丰富的海产品是他们的食物来源。当年他们吃剩的贝壳大量堆积起来，形成贝丘。迄今为止，在黄、渤海沿岸发现了多处贝丘遗址。贝壳种类丰富，贝丘中出土有网坠、鱼镖、牙制鱼钩、石斧等。青岛胶州三里河的大汶口文化遗址中，出土了5000年前的海产鱼骨和成堆的鱼鳞，主要是鲻鱼、黑鲷、梭鱼和蓝点马鲛四种。

东夷海洋文化在山东中部和其他地区也都有发现。1959年，泰安大汶口墓地第10号墓中发现有鳄鱼鳞片84张，专家推断原来应该是大片鳄鱼皮。这说明当时东夷人已能捕获大型的鱼。到了夏商时，东夷人的渔猎技术和捕鱼能力都有了进一步发展。《竹书纪年》里说，夏代时，禹的八世孙帝芒"命九夷，东狩于海，获大鱼"。从殷墟出土有鲸鱼胛骨这一点来看，东夷人能捕获特大型的鱼当为事实。大概由于经常进食富含钙质的海产品，东夷人普遍长得高大威猛，《太白阴经》中就有"海岱人壮"的记载。至今人们还将山东人叫作"山东大汉"。

在日常生活中，东夷人广泛地使用贝壳。美丽的贝壳被大量地当作装饰品，在发掘的许多墓葬里都发现有贝壳随葬品。为人所喜爱和珍爱的贝壳由于体轻易携易计量等优点，还逐渐发展成了最原始的货币，即贝币。这一做法逐渐向中原地区传播，到夏代时，中原已使用贝币。从出土文物和史籍记载来看，贝币的使用在商代已经很普遍了。山东益都苏埠屯一号大墓出土贝3700枚，而河南安阳殷墟武丁配偶"妇好"墓，出土海贝有7000枚之多。东夷人还利用贝壳制作铲、锄开垦土地。

关于东夷海洋文化的航海能力。《诗经·商颂》说："相土烈烈，海外有截。"《毛诗正义》的解释是：商王相土威武盛烈，四海之外率服。说明商王朝的影响达于海外。考古发现证明，早在六七千年前，东夷人就使海岛与大陆有了海上的联系，这为东夷人的航海能力提供了顶好的证明。随着时代的发展和技术的进步，东夷人航海的区域也逐步扩大，东夷文化进一步通过海上向外传播。

1927和1958年，大连市皮子窝和大台山、王庄寨相继发现了东夷文化遗址。两处出土的文物与山东半岛西北沿海所见基本相似。近年来在渤海湾南侧靠近蓬莱的长岛以及北侧靠近皮子窝的大长山岛两处的考古发现，基本上已肯定了辽东的东夷文化，是从山东半岛由海路传播过去的，并且是逐岛前进的。辽东半岛与山东半岛虽然间隔渤海海峡，但在海峡偏南的三分之二海面上，连绵纵列着庙岛群岛，正好是半岛之间进行海上航行的天然跳板，庙岛群岛中的18个大小岛屿，把渤海海峡分割成十几条水道，其中绝大部分水道的宽度在5海里之内。即使最宽的老铁山水道，在蓝天晴日下，其南北的山头也彼此清晰可见。因此，具有一定航海能力的东夷人，可以驾驶一叶轻舟逐岛往返于两个半岛之间。

随着海上活动范围的扩大，东夷文化还传播到朝鲜、日本。这种联系最早可见于石器时代的"石棚文化"。在今天山东半岛的荣成、淄川、青州一带，发现有许多大石棚分布。石棚用一块大石头平放作顶，下面用三四根短而细的石柱支撑。有学者认为这是原始社会人们的祭祀之物，也有学者认为这是早期人们的墓葬，并称之为"支石墓"。这种石棚遗存在朝鲜西海岸、日本也有多处发现。从出土文物的分布情况来看，东夷人当是沿辽东半岛海岸向朝鲜半岛西岸航行，并沿着西岸向南，然后借助于日本海的左旋回流再到达日本。可见，早在秦人徐福带领三千童男童女东渡日本前的若干世纪，东夷人已开辟并利用了这条唐朝以前东北亚海上交往的传统航线。

● 古代地中海上的腓尼基人

很久很久以前，在地中海东岸与黎巴嫩山脉之间的狭长地带，有一个小国叫腓尼基。腓尼基人文字大多记录在羊皮卷上，这些羊皮卷早已在漫漫历史长夜中，被氧化得无影无踪，现在有关他们的记载只能出自曾经吃过腓尼基人苦头的希腊人和罗马人之手。"腓尼基"在古代希腊语中是"紫红色的国度"的意思。据说，在当时埃及、巴比伦、赫梯以及希腊的贵族和僧侣喜欢穿紫红色的袍子，居住在地中海东岸的一些人就强迫奴隶潜入海底采取海蚌，从中提取鲜艳而牢固的绛紫色颜料，染成花色的布匹远销地中海各国。这种紫红色衣服却不会褪色，即使穿破了，颜色也跟新的一样。于是地中海东岸的这些居民被希腊人叫作"紫红色的人"，即腓尼基人，它是历史上一个古老的民族。此外，塞姆语文献称之为迦南人，罗马人称之为布匿人。

腓尼基倚山临海，在陆上活动的回旋余地有很大的限制，海上成为了唯一的对外联系通道。适应了这种独特的地理环境条件的腓尼基人，成为最具有航海天赋的民族之一，他们利用黎巴嫩地区生长茂密的雪松来建造船只。他们的船只是一种原始的平底小舟，长度不超过20米，船上有短凳，有30名桨手就座划行。船中央有一空舱，用来堆放货物或供人乘坐。船有一面风帆，当风从背后吹来时，能减轻桨手的航行。

腓尼基人享有"勇敢的航海家"的盛名。早在公元前3000年，他们就驾驶着狭长的船只在东部地中海和爱琴海上航行，地中海沿岸的每个港口都能见到腓尼基人的踪影。腓尼基人的航海并非出于好奇心和求知欲的驱使，而是属于商业谋利目的，主要是为了寻找那些对古代人来说是贵重的物品，例如贵金属金银、制造青铜器所必需的锡和铜、香料、琥珀、象牙和奴隶等等。为了这些物品，腓尼基人经过克里特岛穿过爱奥尼亚海，发现了西西里岛，在西航的过程中又发现了撒丁岛、巴里阿里群岛和马耳他岛，并把这些岛屿变成自己的商站或殖民地。航海探险使腓尼基人不仅获得了巨大的财富，也使他们提高了航海的技术水平，于是他们又继续穿过直布罗陀海峡，出没于波涛汹涌的大西洋。他们在非洲东北岸建立了迦太基城，甚至向北到达过今天法国的大西洋海岸，到达不列颠，向南甚至远至好望角，他们经常同西非的黑人进行交易，古希腊学者希罗多德在他的著作中对此做过记载：腓尼基人在海滩上卸下货物后，返回船上，升起一缕黑烟，黑人看到后来到海滩上，在货物旁放上一些金子，然后躲进树林。腓尼基人上岸，见金子数量满意，就收起金子离开，不满意就回船上继续等直到黑人增加的金子使他们满意为止。时至今日今，直布罗陀海峡的两个坐标还是用腓尼基的神来命名的，被称为"美尔卡尔塔"。

据说，一些腓尼基人曾在埃及法老尼克二世的委托下完成了历时三年的环绕非洲的旅行。根据希罗多德的叙述，大约在公元前600年，腓尼人从苏伊士湾经红海，向南顺着非洲海岸航行，绕过非洲南端，越过海格力斯双柱（直布罗陀）进入地中海，并沿地中海非洲海岸返回埃及，完成绕非洲一周的远航，航程达20000多千米。航行者回来后讲述了沿"利比亚"航行的情况。他们说"太阳在他们的右边"，这一点似乎可以证实他们确实航行到南半球，但这在古代难以为人们所接受，希罗多德本人对此也表示过难以置信。腓尼基人绕行非洲一周是否真有其事，至今仍众说纷纭，还有待于史学家的考证。

随着罗马帝国的兴起，经过多次战争，到公元前147年，腓尼基的最后殖民地迦太基陷落，燃烧的火焰持续了17天，烧完之后，灰烬有一米深。罗马军为了使腓尼基不再复活，下了诅咒：将盐撒在灰烬上面。就这样，这个曾经是地中海主人的航海民族，在称雄了近3000年后从整个地球上消失了。

● "千古一帝"秦始皇巡海

秦始皇建立中国帝制时代之后，一改夏商周分封制度下沿海诸国对海洋疆域分别管理的历史，建立了帝国中央直辖郡县的新的行政制度，在中国历史上第一次形成了由中央政府统一直辖的海疆。秦始皇数次东巡海上，促进了中国对海洋、海疆重要性认识的加强，确保了对万里海疆的有效管理和沿海地区的发展。作为帝国东部的海疆，是秦始皇极为重视、多次巡视的帝国疆域。正如《史记》记载，"秦始皇既并天下而帝……即帝位三年，东巡郡县……于是始皇遂东巡海上"。

早在先秦时期，燕齐滨海之地神仙学说盛行，成为方士神仙文化的中心，大批方士对海中三神山、仙人仙药一再渲染，从春秋战国时期的燕、齐国君到统一大帝秦皇、汉武，都对海洋神仙信仰深信不疑。秦皇多次巡海，政治上自然有其进一步巩固沿海疆土统治、并进一步扩大势力范围的用意，但动机上有蓬莱神仙信仰在其中，以求亲眼见到海上神仙们的生活面貌，并求得长生不老的方药，同样支配着他们的行动。尤其是东海上经常可以见到的"海市蜃楼"，云气缭绕中或宫室辉煌，或仙影变幻，神奇莫测，可望而不可及，在当时科学文化条件和认识水平的局限下，只能被解释成神山仙境。秦始皇几次亲自到山东半岛的琅琊、芝罘等地巡游，并曾长时间停留，想必是要亲眼看到海市蜃楼的奇观，想要亲自得到人们信仰中"蓬莱仙山"的"长生不老药"。

琅琊，在山东半岛南部黄海北岸，属今青岛市所辖胶南市，其中心在胶南琅琊镇（夏河城）。琅琊湾是天然良港，是中国先秦、秦汉时代的五大古港之一，具有湾静水深，不冻不淤的优点，自古就是中国陆上交通与海上交通的枢纽，是与朝鲜半岛、日本列岛交流的吐纳集散之地，更是船舶活动的根据地，在航海交通史上具有重要地位。由于琅琊原是"海王之国"齐国的重要领地，经济发达，物产丰饶；琅琊台上俯仰万里海天，海涛变幻，气象恢宏，隔海相望，诸岛屿出没于水中，真如仙境。故秦始皇三次巡经琅琊，长期居留。齐方士徐福就是在琅琊数次上书秦始皇，开始了他探求蓬莱仙人和长生不老草的大规模航海探险活动，并最终东渡不回的。

公元前219年秦始皇东巡首临琅琊，"作琅琊台"，并在台上立颂德碑，"颂秦功德"。此即始皇碑，作为琅琊石刻，成为了最为珍贵的古迹文物。秦始皇碑刻传为李斯手书，共计496字。公元前209年，秦二世皇帝胡亥登琅琊台，亦刻碑记于始皇碑旁，即二世碑，共计78字，亦李斯手书。两碑文字俱见于《史记》。

秦始皇、秦二世之后，汉武帝也多次东巡海上，祠海求仙，《史记》对此也有记载。其中一次"东巡海上，行礼祠八神。齐人之上疏言神怪奇方者以万数，然无验者，乃益发船，令言海中神仙者数千人求蓬莱神人。"其"至诚"之心可见。

● 东方古老的航海佳话：徐福东渡

公元前221年，秦始皇统一六国后便开始四处巡游。两年后秦始皇东巡到泰山封禅之后，沿渤海东行到了山东沿海的琅琊（今青岛胶南），望着滔滔的海面，心潮澎湃，想到生死无常，就萌发了寻求仙药的念头，以求长生不老。

齐人徐福与一些方士上书秦始皇，声称海中有蓬莱、方丈、瀛洲三座神山，仙人居住在那里，请求派童男女和他一起去求长生不老药。徐福，又名徐市，是个有名望的方士（古代自称懂得求仙方术的人），懂得不少识海流、观天象的知识，又有丰富的航海经验。秦始皇听信了他的话，大为高兴，并选中他，派了数千童男女乘船随他出航。徐福花了四五年时间，回来后称虽然见到海神，海神以礼物太薄，拒绝给予仙药。对此，秦始皇深信不疑，亲自斋戒沐浴以表示至诚，同时增派童男童女3000人及工匠、技师和各种谷物种子，令徐福再度出海寻药。公元前210年，秦始皇再次巡幸琅琊时，当年徐福入海寻找仙药，已经九年过去，一直未来归报。当即派人传召徐福，徐福恐怕受到责备，便编造谎言，说蓬莱仙山确实有仙药，由于海中有大鲛鱼阻拦，无法到达，请派善于使用连弩的射手一同前往，射击大鲛鱼。秦始皇信以为真，连做梦都与打鱼人作战，于是下令入海时带足渔具，自己也准备了连弩。海船由琅琊启程，航行数十里，经过荣成山，再前行到芝罘时，果然见到大蛟鱼，当即连弩齐射，大蛟鱼中箭而死，沉入海底。秦始皇认为此后当可无虞，为了自己的长生不老，又命徐福入海求仙药。这次，徐福一去便再也没有回来。

徐福东渡去往何方？有很多说法，有的说出海后遇到大风船覆人亡，有的说到达美洲、夏威夷。更多的说到了日本、朝鲜。其中到达日本的说法最为流行，也最有依据。据历史学家考证，徐福这次出海后，顺潮流进入了日本地区的内海——有明海，在今天日本的佐贺县诸富町附近登陆，后率队向金立山进发，在日本定居了下来，建立了新的家园，成为今天日本的出云族、铜铎族的始祖，其后代成了日本民族的有机组成部分。徐福一行将中国先进的文化和技术传授给了当地的居民，如传授先进的农耕技术和经验，教会养蚕织布，传授先进的手工业生产技术等等，对日本历史的发展和社会的进步起了很大的推进作用，影响极为深远。徐福深受当地人民的爱戴，死后被奉为稻作、农耕、蚕桑、医药等神。金立山建有纪念徐福的金立神社，连日本天皇也多次派特使前去参拜。

徐福东渡的活动是中国人面向海洋，进军海洋，寻求海外发展的早期活动。徐福航海活动为中日文化交流的早期历史做出了突出的贡献，对日本的社会发展产生了深远的影响。

● 徐福的传说与遗迹

关于徐福的故里籍贯，主要有三种说法，形成了空前热烈的徐福故里之争，至今尚难以确定。一是认为徐福是琅琊人。二是认为江苏赣榆人，三是山东黄县，即今龙口人。其中"琅琊说"的主要依据是，以《史记》观之，徐福一生的主要活动在琅琊一带，如公元前219年上书求仙，就是在琅琊进呈秦始皇的；秦始皇批准后，即以琅琊为基地，进行航海活动；公元前210年，在琅琊再次见到秦始皇，并一同离开琅琊北上，入海不归。所谓三神山，作为海市蜃楼，琅琊一带常有出现，故为方士和秦始皇深信不疑，遂苦求不已；徐福是齐乡方士代表和首领，而琅琊是齐方士最集中的地区，与徐福一同上书者还有其他方士；出海人员中亦有众多琅琊方士。与徐福同时的方士首领、被后人尊为神仙的安期生，即是"琅琊阜乡亭人"，曾与秦始皇"语三夜"。秦始皇到琅琊次数最多，停留时间最长，除为琅琊风光吸引外，应该是与三神山及求仙药一事有主要关系。琅琊是当时的重要城市和经济、政治、文化、军事中心，物产丰饶，又有优良港口，故能承担徐福船队的航海保证条件。

秦皇东巡、徐福东渡，在两千多年的历史长河和民俗传承、传播中，早已成为中国沿海以至内陆、中国国内以至国外共同的文化积淀。在中国整个沿海地带，由北到南，依次可见许多传说与"遗迹"。

● 国内的口碑与遗迹

在中国，徐福传说的分布主要在北部沿海一带，即秦始皇数次东来寻海足迹所到的沿渤海、黄海及与之相邻的东海部分滨海和岛屿地区，而其中最为集中的"群区"，由北到南依次有河北省盐山县的"千童城""群区"；山东龙口市的徐福镇"群区"；青岛地区的琅琊台、崂山"群区"；江苏赣榆群区；浙江省慈溪市达蓬山群区；等等。

（1）河北省盐山县的"千童城"

此地古为饶安县，唐《元和群县图志》记："饶安县，本汉千童县，即千童城。秦始皇遣徐福将童男童女千人入海求蓬莱，置此县以居之，故名。"这里相传有徐福募集、培训童男童女和百工巧匠的场所"百匠台"；有汇聚五谷良种和金银珠宝之所；有打造航船之地；有东渡起航之地千童城；有入海之道无棣河；有停泊航船的链船湾；有出发前杀鲸祭海的龙井；并且竟然有秦始皇送别徐福千童集团的秦王台……于此史书不载，但作为文化传说，却广泛流行，不可忽视。近年来，当地政府不断进行徐福文化纪念和国际交流活动。

（2）江苏赣榆徐福村

徐福村原名徐阜村，1982年地名普查后认为应是"徐福村"，即改。这里传为"徐福故里"，且"发掘"出了"徐福故居"，周围数十千米内还"发掘"有：① 夏家沟，据传为"下驾沟"，是秦始皇东巡经此下驾驻跸处；② 大、小王坊村，据说是徐福受皇命造船处，是"皇（王）家造船作坊"；③ 吴公村，相传原为"圬工"（捻船工）村；④ 造船与起航地：在一处古河道地下海沙中，发现有两处已经炭化的木头堆积。另外，在赣榆县城东海中有秦山岛，志载"旧传秦始皇登此求仙，勒石而去"；岛上有棋子湾，传说当年徐福曾陪同秦始皇于此对弈；等等。赣榆较早就成立了徐福研究会，后改为连云港徐福研究会。

（3）浙江省慈溪市达蓬山

浙江省慈溪市有"达蓬山"，明代浙江《慈溪志》载："秦始皇登此山，谓可以达蓬莱而东眺沧海，方士徐福之徒，所谓跨溟濛泛烟涛，求仙采药而不返者也。"达蓬山上有"秦渡庵"遗址；有摩崖石刻，画面有海水波涛、航行船只、异兽、人物等；有传为徐福出海前舂谷碾米的18片磨坊；有传为徐福船队出海东渡的凤浦湖，等等。慈溪市成立有徐福研究会。

（4）秦皇岛等地

主要是有关秦始皇巡海与该"岛"之所以命名为"秦皇岛"的民间传承。

（5）山东半岛沿海地区

就历史真实而言，秦始皇四次东巡，其主要的和中心的巡游地带是山东沿海；《史记》等所有的史书都记徐福为齐人，徐福上书秦始皇、秦始皇诏见徐福的地点都在山东沿海的琅琊台，因而徐福东渡这一重大历史事件的发生地，徐福文化这一重要民俗文化现象的导源地，是在山东半岛；关于徐福历史和徐福民俗的传承的中心地带和主要的遗迹"物证"，也以山东半岛沿海地区南以青岛胶南一带、北以龙口（黄县）一带最为集中。在山东半岛沿海，从北到东，从东到南，构成了3000千米海岸线上的一个徐福传说与遗址的中心群落。

● 日本的口碑与遗迹

《史记》中明载徐福东渡后"得平原广泽，止王不来"，不仅后人猜测徐福抵达的是日本，路过的是朝鲜半岛南部，而且日本、韩国也多有其"历史遗迹"，并多有传说，很多日本人甚至把自己的家族视为徐福的后代。

在日本的遗迹主要有：

（1）爱知县名古屋市热田区的热田神宫，原称蓬莱仙山。日本旧时传说，此一"热田"和"富士""熊野"，被称为日本的"蓬莱三山"。

（2）三重县熊野市，丸山下的"矢贺"海岸，传为徐福登陆地。山上有徐福墓；墓旁有木制小屋，供徐福石像，为徐福宫；山下有少林寺，内有古钟，铭文有"秦栖"字样，意即"秦人居住之地"，后改为波田须；波田须町有波田须神社，奉祀徐福；波田须人至今仍视自己为徐福子孙，每年十一月五日举行"氏神祭典"；在木本町，成华山上有"文字岩"，上刻汉字草书："警去徐仙子，深入前秦云，借问超逸趣，千古谁似君。梅花仙子题。"说的就是徐福。

（3）山梨县富士山东北麓的吉田市，传说徐福在登富士山途中仙逝，富士山谐音"不死山"，徐福化为鹤，当地人建造了"鹤冢"，以怀念徐福。吉田市东，有徐福祠；河口湖町，也有徐福祠，徐福被祀为纺织之神；有长池村，即长命村，据称有徐福后裔。

（4）在秋田县男鹿市的本山（赤神山），相传有徐福墓。

（5）在青森县北津轻郡的小泊村，有尾崎神社，据传有徐福像。《东日流外三郡志》记载："尾崎神社镇座于山顶，据传祭祠中国的老子、孔子、孟子、徐福等，今只存徐福。"

（6）京都府谢郡伊根町，有新井崎神社，供徐福及童男、童女木像。在八丈岛和青岛，有传说云，徐福船队有一部抵达熊野，但有五百童女漂流至八丈岛，有一些童男漂流至青岛，因此人们称前者为"女护岛"，后者为"男护岛"。传云过去八丈岛女人多、男人少，此为缘由。

（7）宫崎县延冈市，有徐福岩，传说是徐福在此登陆时的系船石。

在日本，"徐福研究会"早已遍地开花，有"日本徐福会""日本东京徐福研究会""佐贺县徐福研究会""富士吉田市徐福会""新宫市徐福研究会""京都伊根町和大阪明日叶徐福会"等。

● 韩国的口碑与遗迹

在韩国的，以其西南和南部沿海"遗迹"和传说为多。济洲岛有"西归浦"，据传即徐福求仙在此住过，后由此港浦西归回国；济洲岛上有正房瀑布，崖壁有刻字，据辨认即"徐福过此"，今已模糊。整个济洲岛，韩国历史上相传就是"瀛洲"；岛上的汉拿山，就是"瀛洲山"；等等。韩国的南海郡，也有相似的遗迹和不少传说。

在韩国，西归浦市也成立有徐福国际交流协会，连续举办"徐福国际学术大会"等，与中国的龙口市举办合作、交流活动较多。

● 屡折不挠的鉴真东渡

鉴真和尚（688—763），俗姓淳于，唐朝扬州江阳县（今江苏扬州）人。他14岁入扬州大云寺为沙弥，22岁受戒，巡游两京，编研三藏。26岁时已经是声名远扬、能融贯各家之长的律宗大师了，除佛经之外，在建筑、绘画，尤其是医学方面，都具有一定的造诣。

唐天宝元年（742），日本僧人荣瑞、普照来华学佛留学，在鉴真门徒道航的推荐下，前往扬州大明寺敦请鉴真东渡，赴日本传扬佛法。鉴真和尚决定接受邀请，东渡日本。当时正值唐玄宗崇洋道教、贬低佛教，政府禁止和尚出国，更不允许携带文物尤其是佛教文物出境。所以鉴真私自东渡日本，属于叛国偷渡。

唐天宝二年（743），鉴真及弟子道航、思托等21人，连同四名日本僧人，到扬州附近的东河既济寺造船，准备东渡。但是因同行如海的诬告，船只遭没收，并勒令日本僧人立刻回国，第一次东渡夭折；天宝三年（744），再次受荣瑞、普照邀请的鉴真决意再次东渡，经过筹备，鉴真等17僧（包括潜藏下来的荣瑞、普照），连同雇佣的各种工匠、艺人85名，共100余人再次出发。结果尚未出海，便在长江口的狼沟浦遇风浪，船体遭受重创，无法行驶，经过1个多月的漂泊，被明州官员查获，第二次东渡又宣告失败。两次东渡的失败，并没有减弱鉴真赴日传法的决心，准备再次东渡时，被一为越州僧人告发，尚在酝酿中的第三次东渡就此作罢。天宝三年（744）冬，鉴真决定从福州买船出海，率30余人从阿育王寺出发，刚走到温州，便被截住，原来鉴真留在大明寺的弟子灵佑因担心师父安危向官府告发了师父。这样，第四次东渡又不了了之了。天宝七年（748），鉴真一行35人从扬州出发，沿江东行，在舟山群岛附近遭风暴袭击，在海上漂泊数日，辗转回到扬州，在返回途中，鉴真因劳累过度，又医治不当，双目失明。但这位铁了心要偷渡出国到日本传播佛法的和尚，仍然不屈不挠。天宝十二年（753），日本第十次遣唐使在回国前代表日本到扬州邀请鉴真赴日传律授法，年届66高龄双目失明的鉴真又秘密乘船至苏州黄泗浦，转搭上日本遣唐使的大船，终于踏上了前往日本的航程。经过两个多月的艰苦航行，鉴真一行24人顺利抵达日本萨摩秋妻屋浦，并于次年（754）二月到达遣唐使船队的始发港——难波港。至此，鉴真和尚历时12年，前后6次，历经磨难，终于到达了日本，开始了他传律授法、弘扬佛教的旅日生涯。

763年，鉴真在日本唐招提寺内圆寂，在日本生活了10年。唐招提寺内至今还保留着鉴真的坐像，这也是日本的国宝。鉴真不仅为日本带去了佛经，在医药、书法、建筑、雕刻等方面，鉴真对于日本也有极其深远的影响，促进了中国文化向日本的流传，为中日文化交流做出了贡献。此外，他的航海过程，也是少有的记载翔实的航海经历，使我们得以了解那时的造船与航海情况。

● 引发了西方人航海美梦的马可·波罗

中国元朝疆域辽阔，东西方贸易往来畅通无阻，十分频繁。许多西方商人往来其间，有的还受到元王朝的礼遇，马可·波罗就是其中的一位。

马可·波罗（1254—1342），意大利旅行家、商人，出生于威尼斯一个商人家庭。他的父亲、叔叔都是有地位的富商，一直在近东经商，1260年他们迁往伏尔加河流域的拔都汗国经商，后又向东方旅行，1265年到达蒙古帝国的夏都上都（今中国内蒙古自治区多伦县西北），与大汗忽必烈建立了友谊，被任命为特使，访问罗马教皇。1271年，17岁的马可·波罗跟随父亲和叔叔从家乡出发，途经中东，又沿着古老的丝绸之路踏上了前往中国的旅程，历时四年多，于1275年抵达上京，向元世祖忽必烈大汗递交教皇的书信，受到忽必烈的重用，在元朝做官达17年之久。

马可·波罗聪明好学，在不长的时间里就学会了汉语和蒙古语，还熟悉了大汗宫廷里的礼仪和行政机构的各项法规。同时，他如饥似渴地学习中国文化、科学技术，开拓了他的广博学识，更深得忽必烈的信任。年轻的马可·波罗，除了在朝廷和大都（北京）做应差外，还经常到外地视察或出使外国。

1292年，元朝公主阔阔真下嫁波斯的伊儿汗为王后，离家20年思乡心切的马可·波罗决定趁这次机会回国。马可·波罗护送由14艘桅帆组成的下嫁队伍，从今天福建泉州港出发，沿海上丝绸之路向西航行，两年后到达波斯，完成护送任务。此后，马可·波罗继续西行，终于在1295年冬天回到了阔别25年的故乡威尼斯。

1298年，威尼斯与热那亚发生战争，马可·波罗出资装备了1艘战舰，并亲自参加战斗，但不幸被俘入狱。在狱中他向狱友鲁思梯谦讲述了他在东方的种种经历，于是便有了马可·波罗口述、鲁思梯谦记录的《马可·波罗游记》，又名《马可·波罗行记》《东方闻见录》。

《马可·波罗游记》一经问世，便很快风靡欧洲各地，被时人称为"世界第一大奇书"，书中描述了亚洲各国的地理概况、风土人情，尤其是他在东方最富有的国家——中国的见闻，记载了元初的政事、战争、宫廷秘闻、节日、游猎等等，尤其详细记述了元大都的经济文化、民情风俗，以及西安、开封、南京、扬州、苏州、杭州、福州、泉州等各大城市和商埠的繁荣景况，是当时欧洲人认识东方世界最有价值的书。书中对黄金遍地、珠宝成堆的神秘的东方世界的描绘，大大丰富了欧洲人的地理知识，激起了一批又一批欧洲人对东方的热烈向往，诱惑了几代航海家探索通向东方世界的航线，对以后新航路的开辟产生了巨大的影响。

马可·波罗和他所描绘出来神话般的东方世界，推动了15世纪欧洲航海事业的发展，给欧洲开辟了一个新时代。马可·波罗可以称得上是后来西方大航海的先导者。

● 郑和的航海壮举——七下西洋

1403年，朱棣率兵攻下南京城，将自己的侄子朱允炆赶下了台，登上了帝位，改元永乐，是为永乐皇帝。永乐皇帝实行对外开放政策，派遣郑和出使西洋。

郑和（1371—1433），原姓马，小字三保或三宝，云南昆阳（今昆明市晋宁县）人，回族，19岁被送入宫中，由于监军有功，晋升为内宫太监，总揽公众勤务。郑和的父亲与祖父均曾朝拜过伊斯兰教的圣地麦加，熟悉远方异域、海外各国的情况。郑和曾随朱棣转战南北数年，又受家庭熏陶通晓天文、航海，熟悉西洋事务，是朱棣心目中的不二人选。

永乐三年（1403），朱棣任命郑和为下西洋钦差正使，挂元帅印，出使西洋。郑和率领庞大的240多艘海船、27 400名船员组成的船队远航，船上载有丝绸、瓷器、金银、布匹等物，由苏州刘家港出发，访问了30多个在西太平洋和印度洋的国家和地区。此后，郑和又分别于1407年、1409年、1413年、1417年、1421年（以上均在永乐年间）和1431年（宣德年间），先后七次率领堪称当时世界上规模最大的远洋船队航行到爪哇、苏门答腊、苏禄、彭亨、真腊、古里、暹罗、阿丹、天方、左法尔、忽鲁谟斯、木骨都束等30多个亚非国家，他的航线最远到达非洲的东部海岸、南半球水域的麻林地（今非洲肯尼亚的马林迪），历时30余年，航程达10万余里。

郑和下西洋的船队是一支规模庞大的船队，是完全按照海上航行和军事组织进行编成的，在当时世界上堪称一支实力雄厚的海上机动编队。英国的李约瑟博士在全面分析了这一时期的世界历史之后，得出了这样的结论："明代海军在历史上可能比任何亚洲国家都出色，甚至同时代的任何欧洲国家，以致所有欧洲国家联合起来，可以说都无法与明代海军匹敌。"据《明史·郑和传》记载，郑和航海宝船共63艘，最大的长四十四丈四尺（有学者换算为120多米长），宽十八丈，是当时世界上最大的海船，并配有先进的航海天文定位与导航罗盘。郑和船队把所经过的航线，所到国家的方位、停泊点等汇成对景图，这就是流传后世的《郑和航海图》，海图中记载了530多个地名，其中外域地名有300个，最远的东非海岸有16个，标出了城市、岛屿、航海标志、滩、礁、山脉和航路等。这幅大型航海图，是人类认识海洋的结晶，反映了当时海洋科学的最高水准，折射出的中国先进航海科技光辉，表现了中国古代人的伟大智慧。值得称道的是，郑和率领的强大船队所到之处，没有侵略别国一寸疆土，没有建立一块殖民地，而是除暴安良，宣扬和睦共处。

郑和下西洋时间之长、规模之大、范围之广都是空前的。它不仅在航海活动上达到了当时世界航海事业的顶峰，而且对发展中国与亚洲各国家政治、经济和文化上友好关系，为世界文明的交流和发展做出了巨大的贡献。

郑和七次下西洋，前后历时28年，出色地完成了交通海外、建立明帝国宗藩封贡制度、维护区域和世界和平的政治任务，使明王朝实现了"万国来朝"的政治局面，达到了明朝政府的政治目的，使明王朝在此后长期的发展中，除日本倭寇海上骚扰外，东南亚以及"西洋"国家和地区都长期相安无事。

● 亨利王子：葡萄牙未出海的"航海家"

在世界航海史上的诸多航海家里面，有一个一生从未出海远航却因设立航海学校、奖励航海事业等被公认为"航海家"的人，他就是葡萄牙王国的亨利王子。

亨利（1394—1460），是葡萄牙国王若奥一世的第三子，自幼沉静踏实，喜好钻研，博览群书，专心致志于既定目标。他终身未娶，对权力没有野心，在激烈的王室争权夺利斗争中置身事外。作为王子，亨利向往历险、战斗的生活。同时，他又是一个虔诚的基督徒，在他看来，到未知的地域探索并把基督教带到那里，是一个基督徒的职责。在他年轻的时候，正是葡萄牙王国摆脱异族统治，建立王国的时代，好战的贵族非常热衷海上探险和进行殖民扩张。1415年，年仅20岁的亨利王子参加了葡萄牙人对非洲西北海岸休达城的探险，并把这里当成了葡萄牙王国向外扩张的基地。从达休城战俘口中得知，在非洲北部的阿拉伯市场上，许多贵重物品和奴隶是从撒哈拉沙漠以南的非洲运来的。亨利决定另辟一条从海上通往盛产黄金与可捕捉到奴隶的地方去的航线。回国后，亨利就成了葡萄牙天主骑士团的头子，这是一个半宗教半军事的组织，又拥有了雄厚的资金。

为了达到他的目的，1418年，亨利王子远离豪华舒适的宫廷，放弃了婚姻和家庭生活，选择葡萄牙西南角荒凉的圣维森特角附近的萨格雷斯定居下来，在这里他建造了一座天文台，并开办了世界上第一所非正式的航海学校，来传授航海知识。这所学校聘请犹太地理绘图专家、数学家、天文学家等各种专家，教授葡萄牙水手们使用航海图和绘制地图以及如何使用指南针。同时，学校还聘请欧洲最好的航海家和造船师，讲解航海与造船技艺，并且采取了许多优惠措施鼓励造船：建造100吨以上船只的人都可以从皇家森林免费得到木材，任何其他必要的材料都可以免税进口。在当时货币不足的情况下，免税进口是要付出相当大的代价的。此外，还广泛收集地理、气象、信风、海流、造船、航海等种种文献资料，加以分析、整理，并建立了旅行图书馆，其中就有《马可·波罗游记》。

公元1419年，亨利派出了他的第一支仅有一艘横帆船的探险队，向南寻找几内亚，船被风吹向了西方，在离葡萄牙本土西南900千米外的大洋中发现了马德拉岛。在航行中，葡萄牙轻便帆船还创造了一次航行航程达3500千米的记录，这是欧洲航海史上第一次有记载的远航记录。其后，他派出的船队又相继发现了亚速尔群岛各岛屿。公元1433年，亨利的弟弟杜亚尔特继位后，亨利更是集中精力支持、鼓励航海，在此后的岁月中，在他的支持下，葡萄牙船队在非洲西海岸至几内亚一带，掠取黑人、黄金、象牙，并先后占领了大西洋东部海域的四个面积可观的群岛，并把它们划入了葡萄牙的版图。

1460年，亨利因病去世，终年66岁。虽然他本人一生没有出海远航，但在他40多年组织鼓励、支持的航海活动中，葡萄牙成了欧洲的航海中心。后来，葡萄牙人为亨利王子，建立了纪念碑，设立了王子勋章，表彰对葡萄牙做出贡献的本国和外国文化人士。

● 发现"好望角"的欧洲人

翻开世界地图，我们不难发现，非洲大陆就像一个大楔子，深深地嵌入大西洋和印度洋之间。这个"楔子"的最尖端，就是曾经令无数航海家望而生畏的"好望角"。这个地方，非洲本土人自然知道它，可是欧洲人最早是谁"发现"它的呢？这个人就是葡萄牙航海家迪亚士（1450—1500）。

迪亚士出生于葡萄牙的一个王族世家，青年时代就喜欢海上的探险活动，曾随船到过西非的一些国家，积累了丰富的航海经验。

15世纪中期，中西亚奥斯曼土耳其帝国崛起，阻断了欧洲人与东方的间接贸易。此时的葡萄牙完成了政治统一和中央集权化的过程，急需一条通往东方的海上航线，寻找东方的黄金和香料作为其重要的收入来源。

1486年，葡萄牙国王约翰二世任命迪亚士为新的探险队长。1487年8月，他率一支由两艘轻快帆船和一艘运输船组成的探险队自里斯本出发，沿着非洲西海岸向南驶去，以弄清非洲最南端的秘密，企图打开一条通往东方的航路。迪亚士率船队过了南纬22度后，发现了东部海岸线，他们在一个小港里抛锚，在那里竖起了一块刻有"小港"字样的石碑后，继续南下开始探索从未到过的海区。在向南航行的过程中，迪亚士发现海水越来越凉，便下令调转船头向东驶去，不久看到了非洲大陆。迪亚士又命令船队向北行驶，1488年2月3日，探险队发现了高耸的山脉，迪亚士断定，他们已经在印度洋中，通往印度的航线也已经找到了，于是在岸上又立起石碑。实际他到达的是今天南非的伊丽莎白港。为了印证自己的想法，他让船队继续向东北方向航行，找寻东方神秘的印度。可是，船队此时遇到了强烈的风暴。苦于疾病和风暴的船员们多数不愿继续冒险前行，数次请求返航。迪亚士只好下令返航。归途中，船队被风暴裹挟着在大洋中漂泊了数个昼夜，在狂风骤雨中他们来到一个伸入海洋很远的海角，立即上岸避风，在这里又竖起了一块石碑，把这个海角称之为"暴风之角"。1488年12月，船队在经过一年零五个月的航行之后，安全回到里斯本，国王非常高兴，称他们为"探险勇士"。迪亚士向国王报告了航海过程，国王可认为"风暴角"这个名字不太吉利，由于对西欧人来说，这个风暴角太重要了，简直就是"希望"之所在，于是把它改名为"好望角"，意思是绕过这个海角就有希望到达富庶的东方了。

迪亚士发现通往印度的航线之后，国王担心他的名声会超过自己，封存了迪亚士航海所得的资料，派迪亚士前往非洲做地方总督。1500年，国王任命完全不懂航海的卡拉布尔为探险队长，率领一支1500人、13艘船组成的探险队前往印度，迪亚士四处奔走获得了一个船长的职务，不幸的是在同年5月底，当船队经过好望角时，又遭受了一场风暴，包括迪亚士所乘船只在内，4艘船只沉没。"好望角"成了迪亚士的葬身之处。

迪亚士是寻找"东方航线"的"功臣"，他率领的探险船队第一个绕过好望角，为后来航海探险家开辟通往印度的新航线奠定了坚实的基础。

● 发现美洲"新大陆"的哥伦布

在美国、加拿大和许多拉丁美洲国家，都把每年的10月12日作为"哥伦布日"，以纪念克里斯托弗·哥伦布。在西方人的心目中，哥伦布（1451—1506）是"地理大发现"的先驱者和美洲航线的开拓者。

克里斯托弗·哥伦布是意大利热那亚人，5岁时随家人移居葡萄牙。年轻时受《马可·波罗游记》的影响，卷入去东方寻找财富的浪潮之中。他开始学习航海知识，到船上当水手，开始了他的海上生涯，1482年成为葡萄牙商船队中的队长，曾两次率船到过非洲的黄金海岸。经过多年的航海生活和学习研究，哥伦布深信地球是圆的，中国和印度位于大西洋的西面、从欧洲向西航行一定能到达东方、路途比向东航行更近。为了印证他的想法，他向葡萄牙国王寻求协助，以实现出海西行至中国和印度的计划，但是遭到了葡萄牙国王的拒绝。哥伦布怀着沮丧的心情来到西班牙，希望得到西班牙国王的支持，几经周折，西班牙国王费迪南和女王伊莎贝拉同意了他的探险计划。

1492年8月3日，哥伦布首航舰队依靠3艘破旧军舰帆船：尼尼亚号、平塔号、旗舰圣玛利亚号和87名水手，带着给印度君主和中国皇帝的国书从西班牙萨尔特斯海滩出发，向加那利群岛驶去，然后向西南奔向欧洲航海家未敢涉足的大西洋西面海域驶去，途中闯过了拥有大面积"海上草原"的马尾藻海，经70昼夜的艰苦航行，1492年10月12日凌晨终于发现了陆地，哥伦布率船登上海岛，宣布占领该岛，并将其命名为"圣萨尔瓦多"，就是现在中美洲巴勒比海中巴哈马群岛中的华特林岛。哥伦布以为这里就是印度，并将岛上的土著人称之为"印度人"，即"Indian"（印第安人）。随后，船队继续探险航行，相继又发现了古巴岛、海地岛等。1493年1月2号，探险船队返航，3月15日顺利回到西班牙。

当时的人们并没有意识到哥伦布到达的地方就是横亘在东西方之间的美洲大陆，而是认为这里就是"东方"印度、中国，于是从欧洲通向"东方"的航线被打通了。此后，哥伦布受西班牙国王的委派，于1493年9月，1498年3月，1502年5月，又先后3此率领庞大的探险船队，前往"东方"美洲，建立属于西班牙的殖民地，为西班牙在美洲的殖民主义统治立下了汗马功劳。但是由于没有带回东方巨大的财富和香料等种种原因，在第4次航行回来后，哥伦布陷入了困境，不久便去世了。

哥伦布的航海探险，不仅为欧洲人"发现"了美洲新大陆，还为欧洲殖民者开辟了通往美洲进行殖民掠夺的新航线，改变了世界历史的进程，改变了人类文明发展的轨迹。

此外，哥伦布的探险还给世界饮食和人口带来了巨大的革命：15世纪以前，欧洲人的饮食只有寥寥几种面包、卷心菜、奶酪等，哥伦布从印第安人那里带回了高产的土豆、玉米、地瓜以及南瓜、辣椒等，显著提高了人们的饮食水平。高产作物更是能够养活更多的人，世界人口得以显著增加。

● 达·伽马：东方航线的开拓者

1492年哥伦布率领的西班牙船队发现美洲新大陆的消息传遍了西欧。面对西班牙将称霸于海上的挑战，葡萄牙国王约翰二世决定派出一支探险队，并任命出身于航海世家的瓦斯科·达·伽马为队长，循着迪亚士的航迹绕过好望角到达印度，开辟通往亚洲的海路。

达·伽马（1460—1524），生于葡萄牙一个名望显赫的贵族家庭，其父亲、哥哥都是出色的航海探险家，受命国王派遣从事过开辟通往亚洲海路的探险活动。达·伽马青年时代就受过航海训练，有着强烈的冒险精神。

1497年7月8日，达·伽马率领4艘船约150人，船从里斯本出发，循着迪亚士10年前开拓的航线，来到好望角，然后迂回曲折地驶向东方。水手们历尽千辛万苦，在足足航行了将近4个月时间和4 500多海里之后，来到了与好望角毗邻的圣赫勒拿湾，看到了一片陆地。此时冬天降临了，天越来越冷，浪越来越大，面对巨浪滔天水手们都有些畏惧无意再继续前行，纷纷要求返航。达·伽马则执意向前，宣称不找到印度决不罢休，并凭着自己的经验战胜了困难，绕过了好望角，驶进了西印度洋的非洲海岸。1497年圣诞节时，达·伽马到达南纬31°附近一条高耸的海岸线面前，将这一带命名为纳塔尔（葡语意为"圣诞节"），现今南非共和国的纳塔尔省名即由此而来。

随后，船队逆着强大的莫桑比克海流北上，巡回于非洲中部赞比西河河口。1498年4月1日船队抵达今肯尼亚港口蒙巴萨，14日北上到达马林迪港口，找到了一名熟悉航道的导航者，即著名的阿拉伯航海家艾哈迈镕·伊本·马吉德。马吉德是印度洋上经验丰富的航海家，他编著的有关西印度洋方面的航海指南至今仍有一定的使用价值。在他的带领下，达·伽马船队4月24日从马林迪起航，乘着印度洋季风，一帆风顺地横渡了浩瀚的印度洋，5月20日到达印度南部大商港卡利卡特。8月29日，达·伽马带着依靠武力抢到的宝石和香料、肉桂，和五六个印度人率领船队开始返航。返航时船队很不幸运，许多水手在途中死于疾病，至1499年9月，达·伽马带着剩下不到一半的船员和2艘船，但获利为这次远征费用支出的60倍的货物，回到了里斯本，受到了人们的青睐。达·伽马也被奉为"印度洋上的海军上将"。

此后，达·伽马在1502—1503年和1524年又两次率船队到印度，后一次被任命为印度总督，封为印度副王。

葡萄牙航海家达·伽马，是从欧洲绕好望角到印度航海路线的开拓者。他打开了西方通往东方贸易的新航路，使得葡萄牙很快成为西欧的海外贸易中心，确立了葡萄牙在印度洋上的海上霸权地位。这条航路的通航也是葡萄牙和欧洲其他国家在亚洲从事殖民活动的开端，为西方殖民者掠夺东方财富而进行资本的原始积累，起到了重要作用。

● 证实地圆学说的第一人——麦哲伦

古代欧洲人认为大地是一个平面，海的尽头是无底洞。所以，古希腊人绘制的地图上，在海的尽头画上一个巨人，巨人手中举着一块路牌，上面写着：到此止步，勿再前进。15世纪时代的欧洲大多数人认为大地是平的，海洋尽头是无底深渊，即使坚信"地圆说"的哥伦布最终也没有证实地球是圆的。

葡萄牙人费尔南多·麦哲伦（1480—1521），同哥伦布一样，深信地球是圆的。麦哲伦出身于葡萄牙北部一个破落的骑士家庭，从小进王宫当王后侍童，常听航海探险队讲解航海故事，对航海产生了浓厚的兴趣，青年时期的他便在葡萄牙王室的航海事务所工作。那时，哥伦布发现了美洲新大陆，达·伽马从印度带回了巨大的东方财富。于是1505年他参加了海外远征队，从此开始了远洋探航的生涯。在这个过程中，丰富的航海经验和几个热心朋友的帮助，使他了解到在东南亚群岛的东面是一片汪洋大海，并猜测在这片大海的东面肯定是东方香料之国，于是他下定决心一定要做一次环球探航。1513年，麦哲伦一再请求葡萄牙国王允许他组织船队进行环球探险，然而国王却对他不加理睬，绝望的麦哲伦只好在1517年投奔西班牙维塞利亚城的要塞司令。要塞司令非常欣赏他的才能和魄力，不仅把女儿嫁给他，还向西班牙国王举荐了他。西班牙国王同意并资助了麦哲伦的环球航行的计划。

1519年9月20日，麦哲伦率领一支由5艘帆船、266人组成的探险队，从西班牙维塞利亚港起航，向加那利群岛驶去，此后麦哲伦船队用70天横渡大西洋到达美洲海岸，然后沿岸向南航行，寻找横穿美洲大陆的海峡或最南端的岬角。他们历经千难万险，包括饥饿、严寒、船队内部叛乱、叛逃以及误入河口等，终于在1520年11月28日穿过一个海峡到达被当时航海家称为"大南海"的美洲西岸的大洋。当浩瀚的大海出现在船员们的眼中时，向来以沉着、坚定著称的麦哲伦激动地掉下了眼泪。为了纪念麦哲伦的这次探航，后人把这条海峡命名"麦哲伦海峡"。如果你打开世界地图，就可以在南美洲的南端，南纬52度的地方找到它。

此时，麦哲伦船队的两条船已经不知去向，只有三条船了。他们驶出水道，转向北行驶，又继续向西航行3个月，一直没有遭遇到狂风大浪，他们不由感慨：这里真是个太平之洋啊，于是他们便把这个"大南海"改叫为"太平洋"。但在这段只见海水不见陆地的漫长日子里，船上的柏油被晒化了，饮水变臭，饼干变成粉块，蛆虫在其中蠕动。没有新鲜食物，船员们只好吃牛皮和舱中的老鼠，可怕的坏血病夺走了一些船员的生命。

1521年3月初，在水尽粮绝、人人疲乏虚弱之际，航队终于来到了富饶的马里亚那群岛。3月底船队又来到了菲律宾群岛。

为了征服这块盛产香料的富饶土地，这个坚韧果敢却满怀野心的麦哲伦，企图利用当地部族间的矛盾来达到他的目的。然而在一次与当地部族的冲突中，麦哲伦被杀掉了。最后，麦哲伦的助手埃里·卡诺烧掉一条破烂不堪的船，带领仅存的两条船载满香料，越过马六甲海峡，经印度洋、过好望角，途中又被葡萄牙海军俘去一船，终于在1522年9月回到了西班牙。这时，整个船队仅剩下一条船（维多利亚号）与18名船员了，而且所有船员都疾病缠身。至此历时3年，麦哲伦船队环球航行终于胜利完成。

麦哲伦船队以巨大的代价获得环球航行成功，证明了地球是圆球形的，世界各地的海洋是连成一体的，使人们对地球的面貌尤其是海洋的概况有了比较科学的认识，对于世界科学史、航海史而言，做出不可磨灭的贡献。人们称麦哲伦是"第一个拥抱地球的人"，但其"新航线"的开辟，给世界各地带来的是西方殖民主义的野蛮侵略，从而使世界形势发生了巨大的变化。

● 三次寻找"南方未知大陆"的库克

1768年，欧洲的航海家兴起搜集"南方未知大陆"的活动，为了阻止法国人和西班牙人在太平洋上的搜寻，表示英国在这一领域的不甘落后，同时也是为了将来在南太平洋建立霸权寻找落脚点，英王乔治三世批准组建探险队，任命年已40岁的詹姆斯·库克为探险队指挥官，并提升为上校。

詹姆斯·库克，1728年出生在英国北部约克郡的一个穷人家庭，18岁时他第一次随船出海，开始航海生涯。1755年加入皇家海军，当了一名水兵，随船到达许多海区，积累了丰富的航海经验，奉命进行过很多沿岸勘测工作，绘制了很多地区的海岸线图，并对北美大陆东海岸很多地区做了精细的考察。这些出色的成绩使他获得了卓越的海图绘制家和航海家的声誉。

1768年8月26日，库克指挥远航船"努力"号三桅帆船，从英国起航，通过普利茅斯海湾和英吉利海峡驶向大西洋。他们在马德拉群岛稍作停泊后，随即驶向南美洲，穿过美洲南端合恩角，最后抵达塔希提岛，并成功观测到金星凌日现象。完成任务后，库克指挥船队开始搜寻"南方未知大陆"的探险任务，经过千辛万险之后，到达了新西兰，发现新西兰由两个岛组成，按逆时针方向围绕新西兰一周航行后，画出了第一张清晰的新西兰群岛图。在返航途中，遇暴风雨迫使西行，途中遇到澳大利亚，又沿着澳大利亚东部航行，发现了一系列海湾和海角，今天这些海湾和海峡均以库克的名字命名。1771年7月13日，"努力"号经过3年的远航，终于回到了英国。这次航海，他们给世界地图增加了5000余英里的海岸线。

1772年7月11，为了再次确认南方大陆的存在，库克再度离开英国，前往南太平洋，这次他带了两艘船——"决心"号和"探险"号，准备在塔希提岛和新西兰建立两个基地。这次探险从普利茅斯出发反方向，由西向东南下沿一条途经马德拉群岛和开普敦的航线航行，绕过非洲的好望角到达新西兰，从新西兰继续向东寻找南方大陆，然后向北驶向塔希提岛。船只抵达塔希提岛时，他们的新鲜食品已吃尽，探险号船员们感染了坏血病。库克让托比亚斯·弗尔诺指挥"探险"号返航回国，而"决心"号再次南行。1774年1月，库克到达了地球最南端——南纬71°10′。然后，他又一次环游南太平洋，探索复活节岛、新赫布里底群岛、新喀里多尼亚和诺福克岛等。然后经南美、大西洋，在1775年返回英国。

在人类探险历史上，库克是第一位由西向东环绕地球航行，并证实南极大陆存在的人。

1776年7月12日，库克再度由西向东，准备探索北太平洋通往大西洋的西北航道，或东北航道。他率领"决心"号和"发现"绕过好望角，经印度洋、澳洲、新西兰后再往北，"发现"了夏威夷群岛、圣诞群岛、桑维奇群岛，最后到达白令海，因无法横越北冰洋，只好南下回到了夏威夷，与当地土著发生冲突，库克1779年2月14日被土著杀死。

库克的三次航海活动范围之大、发现之多，大大丰富了人类的海洋地理知识，也加深了人们对海洋和发生在海洋中多种自然现象的认识。库克死后留下了记载着每日行程的航海日志，总结出了通过改善船员的饮食——包括增加水果和蔬菜等方法，来预防船员由于长期航行出现的坏血病的"经验教训"，向人们证实：在远程航海中的水手们，并非注定就是坏血病魔的牺牲品。

多彩的海洋民俗

● 海洋民俗

海洋民俗，就是从事海洋生产生活的人们与海洋相关的风俗习惯。世界上大多数国家都是沿海国家，成百上千的不同民族都在沿海地区生活，形成了不同的海洋社会，传承着不同的多彩的民间风俗。

海洋民俗，包括物质民俗、制度民俗和精神民俗三个主要的层面。

海洋民俗的物质层面，主要包括海洋社会群体和社区普遍认同的生产生活资料的获取和利用方式，也就是我们常说的"衣食住行"。

海洋民俗的制度层面，即沿海居民以及涉海群体和社区因涉海生活而产生的民俗制度，主要包括其海上作业制度、婚丧嫁娶制度、节日行事制度、行业帮会制度，以及更为普遍、广泛的日常生活行事制度等。这些制度，都是自然而然形成的，大多用不着谁制定什么明文规定，大家都在潜移默化中自觉地认可和遵守，都是些"老辈子的规矩"，地地道道地体现了民俗的魅力和约束力。

海洋民俗的精神层面，主要包括这样一些方面：一是心理信仰，包括海洋神灵信仰和俗信与禁忌；二是文艺娱乐，包括广场表演艺术（例如酬神赛会）、音乐歌唱艺术（例如渔村锣鼓、渔歌）、手工造型艺术（例如面鱼、年画、剪纸艺术）等等；三是口头语言艺术，包括海洋神话传说、海洋故事、号子、行话、巧话、俗语与歇后语等。

● 海洋社会

不同国家、民族、地区的海洋民俗，是不同国家、民族、地区的海洋社会的生活文化创造。也就是说，海洋民俗的创造主体，是海洋社会。

在中国历史上，沿海地区和岛屿地区的民众主要依靠海洋谋生，出没、打拼于海洋，主要从事渔业生产、航海贸易、港口运输、制盐、采珠等行业，构成了特定的海洋行业社会；尤其是从事渔业捕捞的渔业社会和从事航海贸易的海商社会，是海洋社会的重要构成成分；另外还有一些社会族群以船为家，在海上过着居无定所的生活，例如我国南方沿海的疍民，我们可称之为水上居民社会；还有一些人靠进行海上或沿海抢劫活动为生，构成了特殊的海盗群体，也可称之为海盗社会。

中国的海外移民与海外华侨社会，是中国海洋社会的扩展部分。海外移民对中国海洋社会经济的形成和发展、对中国文化的海外传播和影响、对中国沿海社会的变迁、对近现代海外华人社会的世界性发展，影响深远。

● 渔业民俗

传统海洋社会以渔民渔业社会（这里指的是广义的渔业）为主要构成，其主要组织结构是渔民村落，即渔村。其日常生活民俗以衣、食、住、行体现，受海洋环境和生产环境的影响，在长期的历史发展过程中各具特色。以下以渔村渔民社会的生产方式为例，让我们看一看中国传统渔业社会的民俗生活是怎样的。

渔船是渔民从事海上捕捞作业的最主要的生产工具，渔民对之重视有加。在许多地方，过年（春节）时，所有贴对联、放鞭炮、送灯、祭神等节事活动，凡是在家中做的，都要在船上重做一次。这充分显示出渔民对船的依赖心理。

各地渔民出海之前，大都举行出海仪式。江苏连云港地方，清明前后选农历双日出海，全村人敲锣打鼓为出海的人送行。老大（船长）带领全体伙计（船员）祭船敬龙王。祭祀用全猪或猪头。祭毕，老大点起用花皮（桦树皮）和芦柴扎成的"财神把子"（火把），到船上遍照网具、食物、船头、船尾、各舱，名为"照财神路"，又叫"照船""照网"。照完之后，必须在火把燃烧剩下一节时扔进海里，边扔边说："所有晦气都给大老爷（鲨鱼）"。扔下的火把，以能够在海面上燃烧着漂向远方，最为吉利。

居住在广西一尾、巫头、山心三岛的京族渔民，生产中往往有"海歌"相伴。满载而归时这条船与那条船，或同一条船上的人，先是独唱，后发展为对唱。从前女人不上船，海上对唱常常是一方模拟女子的口气，另一方跟着对答。"海歌"多以海上见闻为内容。

除了行船网捕与钩钓之外，各地还有许多各具特色的捕捞方法，也世代传承。潜水捕捞的海产品有海参、鲍鱼、扇贝等海珍。渔民赤身潜入海底捕捞，所以不少地方称为"碰子""光腚碰子"。后来有了潜水器，作业人员戴很大的铅头盔下水，因此被称为"大头"。在浙江海宁，从前有"抢潮头鱼"的习俗。每年夏秋季节，渔民在远离石塘一二里的地方，等待"一线潮"来临。捕鱼的人赤身裸体，手拿一个鱼网兜，待潮水逼近，即快速向岸奔跑，一边跑一边抢拾被潮头卷上来的海鱼，身后潮水壁立扑来，捕捞者一边抢拾海鱼一边逃到岸边，往往都有可观的收获。

● 服饰民俗

服饰，不仅是日常生活用品，同时也是一种民俗艺术。海洋对于沿海居民的服饰文化，同样有着深刻的影响。当今男子在出席正式的社交场合需要穿西装，其结构源于北欧南下的日耳曼民族服装。据说当时西欧渔民因为终日与风浪打交道，工作繁重，还有落水的危险，所以必须穿着一种系扣少、大领口、便于穿脱的服装，这就是西装的起源。有资料记载：西装的领带起源于北欧渔民劳动时所系戴的领巾，可以用它擦汗水、海水，可以系紧领口挡住海风，后来才演变成纯粹的服饰。

中国海岸线长，经纬跨度大，各地渔民的海洋环境条件与气候条件不同，他们的衣着也各个相异。山东渔民有油衣、老棉袄；江苏渔民好穿对襟格子土布衫；舟山渔民则下穿笼裤，上着大襟布衫加背单；福建渔民爱好穿酱黄色的栲衣，都自有其传统。

舟山渔民的笼裤，是土布制成的单裤。它与一般的裤子不同，直筒大裤脚，裤腰宽松并左右开衩，在裤腰开衩处缝有四条带子，便于穿时束结，在海上捕捞操作时，穿起来十分方便。若在冬天，把棉背单往裤腰里一塞，四条裤带一结，两只裤脚缚紧，既舒服又暖和。因为裤裆宽大，双腿下蹲和上抬都无障碍。渔民们的妻子大多心灵手巧，在笼裤的衩口两旁作刺绣装饰，图案有"龙凤呈祥""八仙过海"、花鸟鱼虫等。笼裤一般为深蓝色和玄青色，少数也用栲皮栲成酱黄色。

福建泉州惠安沿海妇女的服饰，则以"惠安女"的衣着样式最为典型，向来被人视为奇装异服，其实它正是沿海劳动妇女在长期生活中创造出来的适应海洋环境和劳动需要的着装。惠安女的服装，衣身、袖管、胸围紧束，衣长仅及脐位，肚皮外露，袖长不到小臂的一半，这种上衣俗称"截衫"，后来也被人戏称为"节约衫"。裤子多为黑色，裤筒宽大。头上戴的是头巾和斗笠，头巾把脸包得只露眼、鼻、口，斗笠又戴得很低。这种装束几乎四季没有变化。但若仔细了解，就可以知道，惠安女也是中国最能吃苦、参加体力劳动最多的妇女，她们的衣着，正是便于劳动、野外防风防晒的实际需要。

世界上很多沿海居民的服饰取之于海洋。

阿留申群岛以北200英里的西里比洛夫群岛居民，传统上以捕猎海狗为生，他们用海狗皮做成暖和的冬装，用海狗的肠衣做成雨衣。海狗的肢鳍十分坚固，且有韧性，岛民们便用它做鞋底。至于海狗的牙齿、骨头，则做了衣服扣子和装饰品。

海洋对人们的服装上的图饰也有着深刻的影响。北冰洋沿岸楚科奇半岛的居民，常用海象牙及动物骨头雕刻成海豹、海象之类的装饰品佩戴在身上，或进行出售。西太平洋上的吉尔伯特群岛土著居民很喜欢把海豚牙齿挂在脖子上。北美的特令吉特人喜欢把本部族的图腾涂在赤裸的身上，其中有鲸、海豹、海豚、海蟹等，甚至还有独木舟。印第安人中有一个海龟部族，族人把头发梳成一种怪样——六条小辫，四条分置左右为"海龟脚"，前后各两条为"海龟头""海龟尾"，体现了这个民族对海龟的崇拜。阿富汗虽是一个内陆国家，但在其妇女典型传统服饰上，却印染着一排排小海螺，或是印度洋和红海一带生长的柏树的图形，这足以说明这个内陆民族与海洋同样有千丝万缕的生活联系。

有些民族的服饰伴随着古老的海洋传说。如墨西哥普韦布拉州有一种以黑色为底、金色滚边、缀满红白绿色绣花的传统服装，它没有袖子、腰部收拢、长摆及地，这种高贵华丽的服装名叫"支那波婆兰那"，意译可称为"中国与普韦布拉混合式服装"。传说，当年墨西哥有一位著名的海盗，常出没于各大洋打劫。有一次，他竟抢到了一位美丽的中国公主。海盗被公主的美丽深深打动，决心弃恶从善。公主对这位勇敢的男人也渐生好感，两人常驾车出外游玩，当地人为公主的美丽所折服，对她穿的中国服装赞叹不止。于是公主就把这种中国服装的制作方法传给当地人，于是就成了"支那波婆兰那"。这又是一则两个不同的相距遥远的民族文化，经过海陆互相融合的例子。

在我国沿海地区，人们的服饰上也有不少海洋生活的印记。福建南部沿海惠东妇女的服装很有特色，其领围一圈5个图案，各以麦穗绣纹相隔。图案除花鸟外，最耐人寻味的是人物：一幅为武士手执兵器，挺立于战车上。战马前蹄腾跃，做奔驰状；另一幅也是武士，坐于敞篷战车之上，左手抱琵琶，右手擎旗。据说以前惠东女散居于福建惠安县东部沿海。古时当地屡受海盗、荷夷、倭寇侵扰，其服饰上的武士图案表现的就是我国沿海人民抗御外敌入侵、保卫祖国海疆的优秀传统。福建湄洲一带妇女喜欢穿一种半截红半截黑的宽脚裤，当地人称之为"妈祖裤"，显然这是与崇拜海神妈祖有关。

● 饮食习俗

民谚有道："靠山吃山，靠海吃海。"沿海食俗正是"吃海"的例证。

山东省长岛县渔民，每年春季鲜鱼上市，家家都要"腥腥锅"，除熬鱼吃之外，多喜包大如拳头的鲅鱼饺子、鱼包子、鱼丸子和鲜鱼面。其中的鲜鱼面是渔民传统饮食的典型食品。煮鱼开锅，将面条与鱼同煮，出锅之后鱼、面、汤同食。这种做法与这种吃法，非渔村中人莫能为。从前海岛内缺少蔬菜，副食多用海产品，当地习惯制作干鱼、鱼米、咸鱼、鱼酱、鱼肠酱、鱼子酱、蟹子酱、虾酱等。

连云港地方渔民在船上吃饭的规矩，更具有典型的渔民饮食风俗特点。上船后第一次吃鱼，必须把生鱼先拿到船头祭龙王海神；做鱼不准去鳞，不准破肚，要整鱼下锅。最大的鱼头必须给"船老大"（船长）吃。吃饭时从锅里盛出一盘鱼放下之后，再也不许挪动这一盘，挪动意味"鱼跑了"，对海上生产不是好兆头。向碗里盛饭要说"装饭"或"起饭"，因为盛饭的"盛"字，方音近"沉"，要忌讳。吃饭用的筷子要说"篙子"，因为筷子的"筷"字与船成碎块的"块"字同音。饭菜装好以后，不准先于"老大"动口吃饭。吃饭时只许蹲着，不许坐下。在同一个航次中，第一次坐在什么地方吃饭，以后再也不许换地方，否则，会被称为"离了窝"，认为对人对己都不吉利。吃饭时，只准吃靠近自己的一边，不准伸筷子夹别人眼前的鱼菜，否则即被称为"过河"；

发生这种情况，"老大"要夺下他的筷子扔进大海，认为这样才可以帮他躲过一次"过河"的危险。吃过饭要把筷子扔在舱板上，最好使之向前滑一滑，取意"顺风顺溜"。在海上几乎顿顿吃鱼，每顿吃鱼都不许吃光，必须留下一碗鱼或鱼汤，下一次做鱼投入锅内，这意味着"鱼来不断"。所有吃剩下的饭菜，一律不准倒进大海，要聚集在缸里，带回陆地后再行倾倒。

● 居住习俗

沿海民居多就地取材。中国北方沿海居民多住海草房。从前北方海中多生细长的海带草，被海浪冲卷上岸，成堆成簇，渔民常用来披苫屋顶。每幢房用草数千斤。房顶苫得极厚，浑圆、厚实，坡度很陡。苫成之后，为防风揭，还常用旧渔网罩起来。这种房子，不仅外观特异，实用上也有许多特点。因为苫草很厚，隔热隔寒，确有冬暖夏凉的优点。因为海草耐腐烂，苫得好的房子可保50年不漏。精工苫成的百年不坏的老屋，也常可以见到。至今在中国北方沿海渔村，如山东半岛荣成一带，传统的海草房还有不少，有些已经面临倒塌，而有些则尽管已是陈年老房，却依然顽强地矗立着，诉说着历史。

以船为屋的情形，旧时在河北、山东、江苏各地沿海都曾有过。当时的景况十分简陋，大多将一般的船只略加改造，居住其中。真正集船与屋于一身，且又延续至今的，是海南三亚等的水上人家。水上人家的船虽然有大有小，但都具有功能类似的船舱，如"生活舱""储藏舱"等。作为居室的是生活舱，是渔民休息、活动、做饭的场所，集中在渔船的上层和中层。有的大船的生活舱面积大，还可以隔成两三个小舱。有的人家拥有两条渔船，赶赴渔场时，两船并航，到了预定地点，一条船捕捞作业，另一条载有女人和孩子的船，则驶进附近的海港守候。如此一来，留守的船就渐渐地转化成了水上住宅。

● 行旅习俗

在现代海上客轮交通出现之前，海上客运交通有一个长期的木帆船时代。旧时代除了陆与岛、岛与岛两地之间有大量居民经常往来，开通来回"摆渡"之外，无论是港口、海岛、沿海渔村居民之间的短途海上旅行，还是长途海上旅行，一般并无专门的客船，因而大多是"随船"，或叫作"搭船""跟船"，即搭随南来北往的海商货船，抵达海上行旅的目的地。

● 海商民俗

所搭海商货船，一般都是各地商人所建立的商帮的商船。中国的海上商帮多以自己的家乡籍贯为帮名，如北方的牛庄帮、锦州帮、天津帮、登州帮、胶州帮，南方的福建帮、广东帮等，这是独特的中国海商民俗。这些商帮往来贩卖货物，并且往往在常到的港口城市建立会馆，作为商帮的基地。有些商帮的会馆，发起建造的海商们为了表示对所要建造的会馆的重视，不仅匠作师傅和工人要从家乡原籍请来，即使是一砖一石，也要用船从其家乡原籍运来。如此，就增加了南北往来海上的行旅人员的数量。清朝时期，福建泉州地方的商人在山东烟台修建福建会馆，前后费时20多年，所有石料、砖瓦、木料，都从泉州运来，一切雕件与塑件也都在家乡做成，由船队运到北方组装。这一处建筑至今保存完好。在这里可以看到这些商帮、工人航行的规模，也可以想象到其受风俗影响的心理。

● 民俗信仰

世界各地海洋社会的神灵信仰五花八门，十分普遍。中国海疆幅员辽阔，海洋社会的民俗信仰更为丰富，呈现着广泛的淫祀现象，见神就拜，有灵就求，是中国民间传统的普遍心理诉求。尽管现代科学发达，破碎了许多神灵的秘密，但祈求平安、幸福、吉祥，就心理作用而言，即使在现代社会也依然难以改变。在海洋民俗信仰中，同样如此。

● 四海海神

在中国人的传统观念中，中国周边有东、西、南、北四海，凡是海就有海神，因此中国有东海、西海、南海、北海四海海神。这种观念和信仰自古就有，早在夏商周时期，已经出现了"四海海神"的信仰。先秦时代的《山海经》中就有记载，并记载有四海海神的名字：东海海神禺虢，南海海神不廷胡余，西海海神弇兹，北海海神禺强（即禺京）。其中东海海神禺虢与北海海神禺强还是父子。

四海海神中，在汉代之前，东海海神是最重要的；汉代之后，南海海神也成为重要的海神。东海海神之所以最为重要，是因为尽管有四海，但东海广大，在古人的观念里包括着今黄海和东海，而且黄海和东海区域是古代中国王朝统辖最早、距离中原王朝中心最近的沿海和海岛地区，因此一直十分重要，从先秦到清代，东海海神一直受到王朝中央政府的祠祀；而南海自汉代进入中原王朝版图之后，尽管距离中原京畿地区遥远，但自汉代开通海上丝绸之路，就一直是中国对外开放的南大门，所以南海海神地位也十分重要，历代有皇帝望祭或遣官祭祀。

● 四海龙王

四海龙王信仰是随着历史的发展，由中国早期的四海海神信仰，受到佛教的影响，逐渐演变来的。

历代帝王对四海龙王的推崇和祭祀始于唐代，朝廷正式册封龙王。朝廷的册封使民间信仰中龙王的地位大大提高，龙王信仰更为升温，龙王庙宇在民间迅速发展。"四海龙王"也有了各自具体的"姓名"："东海龙王敖广""南海龙王敖钦""北海龙王敖顺""西海龙王敖闰"。从此以后，在中国民间信仰中，东西南北四海便全部由四海龙王"接管"，成为海中之王、水族统帅和海洋世界的统治者了。四海龙王中，"职位"最高、最为人们信仰的"龙头老大"，依然是东海龙王。他（它）居于东海龙宫。沿海民间所普遍崇拜、祭祀的，主要是东海龙王，一般敬称之为"龙王爷"。对龙王爷的信仰崇拜，在中国沿海各地，从南到北，十分普遍，龙王庙，龙王庙中的香火，在沿海和岛屿地区的村村镇镇，或大或小，或新或旧，随处可见。

● 妈祖（天后）信仰

在中国民间，一般而论，龙王爷信仰主要是渔民社会的信仰，妈祖信仰主要是海商社会和海外移民社会的信仰。

妈祖信仰，是中华民族从原始海洋神灵信仰演变而来的"人格化"海神信仰，是自宋代产生和传于沿海民间、并自宋代开始上升为国家封祀的"国家级"女神。国家对这位海洋女神的封号，从宋代皇帝敕封其为"夫人""妃"，元明两代敕封的"天妃""圣妃"，清代敕封的"天上圣母"直到"天后"，不仅广泛传承于我国南北沿海、而且传承于我国南北内陆；不仅广泛传承于国内，而且广泛传承于国外。

"妈祖"，因清代皇帝敕封为"天后"，这是最高的封号，因此，中外大多以"天后"称之。中国南方多称之为"妈祖""娘妈""天妃""天后",北方沿海多称之为"娘娘""海神娘娘""天后娘娘"。

妈祖的原型,据传是福建莆田湄州岛的一名女子,姓林名默,生于宋建隆元年(960)农历三月二十三日(有多种说法),卒于宋雍熙四年(987)农历九月初九日,年28岁。传说她出生在林姓家族,幼时失语,故名为"默",当地人呼"默娘",后聪慧过人,水性很好,能采席渡海,常常救助海上遇难的渔民,人呼"龙女",28岁时羽化飞升,自此,海上渔夫船工商贾,经常可以看到林默娘身着红衣,翱翔在海天,护佑着航海人,或示兆梦,或示神灯,或亲临挽救,渔舟商船获庇无数。人们感其功德,尊呼"娘妈",后在湄峰林默升天处,建起祠庙"灵女庙",奉她为造福于民的保护神,敬拜为"妈祖",世代虔诚奉祀,其主要职能是庇护航海安全。此为中国第一座妈祖庙。

妈祖信仰起源于福建莆田,起初只是区域性的民间海神崇拜,后因社会经济、政治、文化等方面的因素逐渐由莆田向福建各地、沿海各省及海外各地拓展,海峡两岸和海外华侨地区传播更为普遍。

妈祖信仰崇拜祭祀的建筑载体是妈祖庙,大多名称是"天妃庙"或"天后宫"。据《世界妈祖庙大全》提供的数字,目前,全世界已有妈祖庙近5000座,信奉者近2亿人,分布在中国两岸四地、日本、韩国、越南、泰国、新加坡、马来西亚、印度尼西亚、印度、菲律宾、美国、法国、加拿大、墨西哥、挪威、丹麦、巴西、阿根廷、新西兰等约20个国家和地区。据不完全统计,如今日本各地尚存的妈祖庙就有100多座。

2009年,妈祖信俗已经被联合国教科文组织列为《世界文化遗产》名录。

● 海洋神灵信仰

在中国的海洋民俗信仰中,除了四海海神、龙王、妈祖之外,还有一些与海洋现象和海洋生活、环境条件相关的神灵信仰,如潮神、船神、网神、礁神、鱼神、盐神、岛神等,更是五花八门,民间淫祀极多,极为普遍,几乎渔村、码头、船上、海岸、山头、家中、寺庙,处处都有各门各类海洋神灵被塑像立牌、建寺立庙,人头攒动,香火缭绕。这里我们仅举几例。

● 鱼神

鱼神是渔民信奉的神灵。渔民以打鱼为业，打的鱼多，渔获量大，即是丰收，即是"发财"，他们相信，海中大鱼即是鱼神。敬了鱼神，打鱼就会逢上鱼汛，就会赶上鱼群，就会丰收发财。山东沿海所信奉的海神，俗称"老人家""老赵""赶鱼郎"等，其实是位鱼神，即鲸鱼。鲸鱼能逐鱼入网，故称"赶鱼郎"。鱼丰即发财，称之为"老赵"，意谓财神赵公元帅。"老人家"又是对"老赵"的敬称。渔民们对"老赵"的信仰形式表现在许多方面。如渔民在岸上见鲸鱼游行海中，称之为"过龙兵"，视为吉兆，要烧香焚纸遥望祭拜；如在海中遇鲸鱼，要先往水中撒米，再由船老大率全体船员烧香焚纸，口称"老人家"，并向之跪拜祷祝。舟山渔民将鲸鱼称为"乌耕将军"，看到"乌耕"露面，就意味着鱼群将至。浙南玉环、洞头一带渔民，将每年三月开春时看见的第一条浮出海面的大鱼奉为海神，对之举行祭祀。

● 潮神

潮神是区域性很强的一位神灵，主要由吴越文化区的江浙一带沿海民间所信奉，后又逐渐传播到福建沿海民间。潮神神主为伍子胥。伍子胥（？—公元前484），原是吴王夫差的大臣，死后被奉祀为潮神。最初的祭祀地点在会稽，自唐已降，杭州湾祭祀潮神的中心区域，由浙东会稽转移至杭州，对杭州城南吴山的伍公庙重视有加。唐宋之后，伍子胥庙遍布江浙一带沿江沿海。在广东潮汕地区，潮神是俗称水父、水母的神灵。

● 港神

港神即海港之神，专司港口航道安全。唐代，福建"甘棠港"的港神，据传很有灵验，曾经被皇帝敕封为"显应侯"。山东荣成上庄镇沿海有千步港，近港有黄华山，上有黄华庙，庙内所祀奉的黄华大王，就是护佑千步港的海神。元代千八港黄华庙石碑今已发现。众多的港口神，实际上也是一些地方性海域的保护神。

● 船神

船神，在中国东南沿海一带俗称"船老爷""船菩萨"。在嵊泗列岛俗称"船关老爷"。船神有男的，如鲁班，因他是造船的祖师爷；有关羽，因他刚毅勇猛，受到渔夫尊敬；也有杨甫老大，是个捕鱼能手。有女的，如妈祖、观音等。船上有"圣堂"舱，专供船神。

● 礁神

东南沿海，尤其是舟山群岛海域中有许多礁群，礁石或林立于海面，或潜伏于水下，过往船只一有不慎，便有触礁危险，民间遂生礁神崇拜。舟山嵊泗大洋岛有圣姑礁，礁上有庙，供祀"圣姑娘娘"。圣姑娘娘即是一位礁神。渔船来往过礁，必登礁祭祀，以免在附近海域有触礁、破网等事故发生。民间相传，圣姑娘娘是位海上巡行娘娘，每逢大雾天和风暴天，娘娘会在诸礁之间提灯巡行，如同现在的灯塔，为海上航行的船员和渔民指明方位和航向，转危为安，化凶呈祥。

● 狐仙

狐仙之类，平日在人们眼中似乎与海事无缘，但在沿海不少渔村也被奉为海神。如山东龙口屺姆岛村，渔民普遍信狐仙太爷，视狐仙太爷为海上保护神。海上遇风浪，向狐仙太爷祈祷许愿，祈蒙保佑，安全回航后要到庙里还愿，放鞭炮。庙中狐仙太爷塑像为一白胡子老者，红光满面。在中国神话传说中，九尾狐是治水大禹（也被信仰为海神之一）的妻子，后世被神化，成为沿海和内地民间广泛的崇拜神灵。

● 盐神

盐作为人体必需的物质，很早就为人们所认识和利用。人们在认识海盐、开发海盐的历程中，那些与海盐的生产管理有关的重要人物，往往被赋予神话的色彩。先秦时期的宿沙氏和管仲，便是其中被神化为"盐神"的人物。龙王也是沿海盐场民间社会群信仰的重要神灵之一。

● 海中灵怪

在中国民间海洋信仰中，各地都有一些关于海体海水的信仰，关于海岛岩礁由来的信仰，关于渔船渔具的信仰，关于海洋水族动物的信仰，关于海中精灵的信仰，关于著名涉海人物的信仰，以及关于海上仙山灵物的信仰等，在沿海尤其是岛屿地区民间社会广泛传承。传承的方式，主要是故事传说，大多充满神圣感、神秘感，不少也有恐怖感和敬畏感，旧时沿海、海岛渔村多有小庙祭祀之。

● 海洋节会

在中国沿海各地和岛屿地区，海民社会最看重的节日，除了与内陆地区一样普遍的春节、中秋等"常节"之外，还有其独特的、隆重的祭海节会，各地各有其名，多称为"祭海节"。

祭海，就是沿海各地及各岛屿海民社会对海神、海中水族及精灵、打鱼人和跑船人的亡灵等进行的祭祀活动。祭海举行的时间，一般都是春季鱼汛来临、开始出海捕鱼，休渔收网，以及民间信仰中海洋神灵的诞日、升天日等纪念性日子，仪式隆重，演变成为节日。渤海南岸的山东半岛，大多为谷雨节前后鱼汛来临、开始出海捕鱼时祭海。在北方沿海，有的叫"谷雨节"，如山东荣成；有的叫"祭海节"，如山东即墨周戈庄；有的叫"渔灯节"，如山东蓬莱；有的叫"海灯节"，如辽宁旅顺等；中国南方沿海则多叫"开渔节"，如浙江象山的开渔节、舟山群岛的开渔节等。

在山东半岛东端的荣成石岛、俚岛等大一些的渔村码头，节日活动除了祭祀各种海洋神灵外，大街小巷挤满了踩高跷、舞龙、耍狮子的人群。入夜，各个海口灯火通明。旧时当地商家和渔行出面组织，向各行各业筹资举行盛大的"放海灯"仪式。以后的几天，各村都要组织吃大饭，大碗喝酒，大口吃肉，划拳猜令，直喝得昏天黑地，还要请戏班，唱大戏，白天唱，晚上唱，最多的连续唱四五天。

"娘娘保平安，龙王保发财。"渔民们尊奉的神灵并不完全统一，但虔敬之心是一样的。渔民们把自己海上生涯的平安和收获寄托于对海洋的信仰崇拜之上。在荣成院夼村的龙王庙，1992年重建庙宇的记文是这样写的："玉帝旌敕，巡视沧海。历经坎坷，灵应不爽。重修庙宇，香烟缥缈。祈赐保佑，梦寐以求。力挽狂澜，海不扬波。降伏鬼域，消除余孽，人身康泰。船网无恙，永无灾祸。资源不乏，取之不尽。鱼获俱增，经济发展。"半新半古，半信半疑，但依然是"祈赐保佑"，表达的是祈福禳灾、吉祥、喜庆、平安的美好愿望。

祭海活动在我国沿海地区、东亚和东南亚华人华裔社区十分普遍。除祭海龙王、妈祖娘娘外，还有盐神、涛神、大禹、秦始皇等，还有不少地方的渔民要祭船、祭渔网、祭船桨等。这些名目繁多的祭祀活动，构成了海洋民俗文化的一道奇特的风景线。

● 海洋禁忌

在过去时代，海洋民俗信仰生活有很多禁忌。船在大海中航行，波涛汹涌，变幻莫测，渔民和航海者在海上作业，风险最多，为了航海的安全顺利，形成了许多言语禁忌和行为禁忌。这些禁忌是信仰的反映，有些则是海上经验教训的总结，大多是直接为打鱼、航海服务的安全保障措施。

在中国南北沿海各地渔村，至今渔民们和其他跑船航海的人，无论在船上、在岸上、在平常的生活中，大都忌讳说"翻""扣"等字眼；为了图吉利，将"翻""扣"等或者说成"滑""顺"，或者说成"正"等。渔民们吃鱼时，不能吃完半边再翻过来吃另外半边，即使要吃，也不能说"翻过来"，要说"划过来"或"正过来"，因为"翻"是渔家的大忌。在北方沿海，有的地方甚至连"船帆"字也因与"翻"字谐音而改变叫法，叫作"船篷"。从船上卸鱼虾，不能说"卸完了""没有了"，要说"满了"。同样，"破了""碎了"也不能说，把饺子煮破了，要说"挣了"；东西打碎了，要说"笑了""开花了"。渤海南岸的胶东半岛一带，人们称沙丁鱼为"犁别子"（因其形状似犁上的别子），因此凡是涉及婚姻之事都忌讳用沙丁鱼，以防"离别"之苦发生。

以上是语言禁忌，和行为禁忌互为表里。行为禁忌即做事的"规矩"，海民信仰生活中也有很多。如在中国北方沿海，豪饮虽是渔民的特点，但"登船不准饮酒"，只要船老大通知何时上船出海，便没有一个渔民再喝酒，因为酒后出海脚步不稳，容易招致事故发生；"父子不同船"，是为了防止遇到海难时全家男子都死去；"登船不光头"，即出海时必须戴帽子，因为戴着帽子，万一掉进海里，浮在水面的帽子可成为落水者的标志，便于打捞救起。再如出海后忌讳坐船帮，忌讳把脚伸在海水中；就连吃饭也不准扣碗，不准把筷子横架在碗上，因为"扣""搁"意为"翻船"或"搁浅"，属于不祥之兆，要避免其发生。如此等等，都是航海者祖祖辈辈从教训中总结出来的安全常识和预防心理的反映，以神秘的"禁忌"形式反映出来，以使人不敢"冒犯"。

优美的海洋文艺

● 海洋文艺

海洋文艺,就是以海洋生活为题材的文学艺术。她是人类海洋文明的产物,是沿海民族在海洋生活中共同创造的果实,具有独特的艺术魅力。也许我们无法知道是谁先在临海的岩石上为海洋画出了第一幅画像;我们无法知道是谁站立在船头之上唱出了第一首海的旋律;我们无法知道是谁第一个用诗的语言向大海倾诉,但是,就是这些没有给我们留下姓名的默默无闻的海上艺术家们,开创了海洋艺术的先河。随着人类海洋历史的不断演进,海洋的艺术之花越发的繁盛,成长为蔚为壮观的奇葩。海洋文学、海洋音乐、海洋舞蹈、海洋绘画、海洋雕刻、海洋影视、海洋摄影等等,这些色彩斑斓、瑰丽多姿的海洋艺术向我们展示了海洋的宽广、海洋社会的丰富,海洋生活的多彩,让我们感受到了她们的无穷的艺术魅力。

● 中国海洋文学

当我们在捧读唐诗、领略宋词的时候总是能不经意地从中感受到海洋的魅力,但是我们总是有这样的疑问,中国究竟有没有海洋文学?它的成就如何?它表现着怎么样的民族心里和文化精神?其实,中国海洋文学,是悠久灿烂的中国文学的重要组成部分,也同中国文学几千年的整体发展一样,不仅历史悠久,而且内容丰富多彩、异彩纷呈。中国海洋文学体裁丰富,神话传说、诗歌、散文、戏曲、小说等,构成了中国海洋文学的主体。

● 中国海洋神话传说

中国海洋神话传说的内容丰富多彩,《山海经》为我们展示了中国最原始、最丰富的海洋神话传说长卷。《山海经》是先秦古籍，是一部以神话为主体、内容丰富的书。其中《海外》《海内》《大荒》合称《海经》，记海外各国情况，有三首国、三身国、一臂国、无肠国、小人国、大人国等。全书记述了将近100个神话故事，神灵450多个，他们不仅神通广大，而且奇形怪状，如龙身鸟兽、马身人面、人面蛇身、三头六臂等。书中记载了东、西、南、北四海海神，记载了《精卫填海》等精彩感人的神话故事。《山海经》是神话的渊薮，也为后世人们的海洋文学创作提供了神话传说的渊源。

● 中国海洋诗歌

在辉煌的中国诗歌文学史上，海洋诗歌的作品看上去似乎只是沧海一粟，但细细发掘不时会发现珍珠美玉，可以串联起中国海洋诗歌光彩夺目的长卷。从《诗经》第一次描写与海有关的诗歌起，两千多年来，中国的众多诗人们都有对大海的审美感受和艺术畅想，他们以海洋为意象，表达惊奇、欢乐、豪情，也抒发忧伤、迷茫、痛苦，创作了无数海洋题材的诗歌佳作。

唐诗是我国古典诗歌发展的高峰，同时也是海洋诗歌发展的一个高潮期。李白是唐代最伟大的浪漫主义诗人，他的题材广泛、形式多样、文字瑰丽，是中国诗歌史上的宝贵财富。他的作品中有很多内容是写海洋，或以海洋为意象，或以海洋历史传说典故入诗的。如"月下飞天镜，云生结海楼"；"云山海上出，人物镜中来"；"苏武天山上，田横海岛边"；"连弩射海鱼，长鲸正崔嵬"；"我从此去钓东海，得鱼笑寄情相亲"；"长风破浪会有时，直挂云帆济沧海"。由于海洋形象的入诗，使李白的诗更加铿锵壮阔，神思飞扬。白居易是中唐著名诗人，他的诗通俗易懂，深受人民群众的喜爱。其诗作中有不少名篇佳句是写海洋的。如"君不见沉沉海底生珊瑚""海天东望夕茫茫""望海楼明照曙霞，护江堤白蹋晴沙。涛声夜入伍员庙，柳色春藏苏小家"等。尤其值得一提的是，白居易不仅在作品中反复描写海洋世界，而且他的诗作也曾广为流传海外，深受日本列岛、朝鲜半岛人民的喜爱。白居易的诗歌是中国文学通过海洋向外传播的一个典型范例。

● 中国海洋小说

我国的海洋小说源远流长，其人物形象之生动，艺术描写之多样，对民族传统文化影响之深远，在中国海洋文学发展史上是不同凡响的，有许多作品和人物形象成为中国乃至世界文学史上的瑰宝。从小说家们笔下激荡起的海洋浪花，让我们深刻感受到当时人们对海洋的独特理解和深刻阐释。

四大名著之一的《西游记》给我们提供了别具一格的海洋神话故事。如其中第三回写的就是一段美猴王东海龙宫借宝的故事。故事讲，美猴王从海外学艺归来，到东海龙宫借兵器，东海龙王拿了好多，他都嫌轻，结果，在龙婆的提议下，龙王让他去拿一下"定海神针"试试，结果被孙悟空给拿走了，这件宝器，被多次派上用场。

《三宝太监下西洋》，是明代著名的长篇小说之一，全书演绎郑和下西洋的故事。

《聊斋志异》是中国清代著名的小说家蒲松龄创作的文言短篇小说集，在中国文学史上有重要的地位。其中有不少篇幅描写海外奇闻，如《罗刹海市》讲述商人的儿子马骥，出海去营生，遭到台风袭击，只身漂流到罗刹国，因当地以美为丑，反丑为美，长相俊美的马骥被视为妖怪。这则故事以隐喻手法讽刺了当时社会黑白颠倒、美丑不分的世态。

《镜花缘》是清代小说家李汝珍创作的100回长篇章回小说，其中有大量关于海外奇岛、海上风光和异国怪民的海外世界的描写。这主要集中在唐熬、林之洋和多九公到海外经商游览，历经30多个国家的所见所闻之中。如在"两面国"，这里的人欺诈成风，一张笑脸对人，另一张却狰狞恐怖；在"翼民国"，人们都爱戴高帽子，久而久之，人们的脑袋就变得特别长。此外还有自高自大的"长人国"、好吃懒做的"结胸国"、贪吃美食的"犬人国"等等，那些光怪陆离的海外世界，在作者笔下真是无奇不有，作者以此来表现自己的人生理想和批判当时的社会现实。

● 中国海洋戏剧

中国古代海洋戏剧作品很多。其中有一个很有趣的题材，那就是凡人与龙女的爱情故事。元代尚仲贤的《柳毅传书》和李好古的《张生煮海》都是关于龙女的爱情神话剧。《柳毅传书》取材于唐人李朝威的传奇《柳毅传》，讲的是柳毅为龙王的女儿传送书信，龙王为了答谢他，愿意把龙女许配给他，经过曲折，他最终娶了龙女，有情人终成眷属。《张生煮海》根据民间传说改编，写书生张羽与龙女相爱，却为老龙王所阻，后得到一位仙姑所赠送的三件法宝，将海水煮沸，迫使龙王答允婚事。这两部戏剧都通过浪漫的神话反映了人们的现实愿望。

● 外国海洋文学

外国海洋文学同中国海洋文学一样，是人类不可缺少的精神财富。外国海洋文学中的荷马史诗、《鲁滨孙漂流记》等大批文学艺术精品，雨果、安徒生、海明威等大批外国文学名家，都是我们所应该了解和熟悉的。

● 外国海洋童话和民间故事

童话和民间故事能让人长知识，让人快乐，可以说我们人类都是在童话和民间故事的熏陶下长大的。海洋童话和民间故事充满了喜悦、欢乐，同样也有悲伤、惊险，字里行间中让人们真切地触摸和感受，产生出共鸣。至今世界上仍流传着许多有关海洋的童话和民间故事，为广大青少年所喜爱。

安徒生，这个千万孩子心目中的童话之王，以一部经典的海洋童话作品《海的女儿》而享誉世界。它讲述了这样一个故事：小美人鱼是海王最小的女儿。她15岁时，一位王子所乘的船触礁沉没，她救了王子并倾心于他。后来小人鱼为了得到王子的爱，不惜把自己最甜美的嗓音送给女巫，作为变成人形的条件。但是王子已与另外的女子订有婚约而离开了她。在他们结婚的那晚，小人鱼的姐姐们给了她一把从女巫那儿用她们美丽秀发换来的刀子，她们要小人鱼在太阳升起之前用这把刀杀掉王子，否则，她自己就会在太阳升起时变为海上的泡沫。小人鱼却把刀抛入浪花，失去了生命，化成泡沫，飞入空中。

《一千零一夜》是阿拉伯民间故事集，其中包含有许多关于海洋的经典民间故事，《渔夫的故事》广为人们所熟知。这是个充满智慧的故事，讲的是渔夫无意中救了一个魔鬼，魔鬼却恩将仇报，要杀渔夫，最后渔夫用智慧战胜魔鬼。故事语言生动，特别是魔鬼的形象和他与渔夫的对话，非常引人入胜。《辛巴达历险记》说，水手辛巴达是一个充满热情、勇敢无畏的年轻人，他与仗义行侠的壮汉杜巴，精通魔法的妙龄女郎梅弗和发明家费卢兹，怀着相同的理想，展开了征服七海的奇异旅程，他们穿行于现实与幻想魔法盛行的世界，克服了种种困难，化解了重重的危机，辛巴达的传奇故事也永远留在了人间。

● 外国海洋史诗

早在古希腊、古罗马时期，史诗已经达到了相当辉煌的程度。史诗中最杰出的作品当属古希腊人荷马的《伊利亚特》和《奥德赛》。

《伊利亚特》叙述的是希腊人远征小亚细亚特洛伊城的故事。其中有相当部分是希腊人海洋生活与神话的描写。如征战大军离开奥利斯港之前，宙斯派神鹰前来助战。谁知神鹰异常凶猛，把一只怀孕的母兔撕成了碎片。这气坏了动物保护神阿尔忒弥斯。她用法力止住海风，希腊联军的舰队无法鼓帆航行。阿伽门农无奈，只好把女儿充当祭品献给阿尔忒弥斯，海上才复起海风。但《伊利亚特》主要内容还不在海上，真正把史诗场景放在海上，描写航海者生活与命运的，是《奥德赛》。它主要记载了希腊联军中最有智谋的英雄奥德修在特洛伊战争结束后，在海上漂泊了10年之久才回到故乡的故事，着重描写了遇风暴、遇独目巨人、遇风袋、遇女妖、遭雷击等海上经历，歌颂了海上英雄们的智慧和勇敢。

● 外国海洋诗歌

西方诗歌中海洋题材诗歌十分丰富，讲求内心情感的抒发，形式上没有太多的条框束缚。

普希金是俄罗斯19世纪诗人，在他创作的许多被人传诵至今的诗歌中有不少是关于海洋的，最著名的就是《致大海》："再见吧，自由奔放的大海！这是你最后一次在我的眼前，翻滚着蔚蓝色的波浪，和闪耀着娇美的容光。好像是朋友忧郁的怨诉，好像是他在临别时的呼唤，我最后一次在倾听你悲哀的喧响，你召唤的喧响。你是我心灵的愿望之所在呀……"在作者的笔下，大海是自由奔放的象征，是诗人精神动力的源泉，理想追索的映照。同时，大海又是诗人最理想的精神交流对象，诗人的情绪和着大海的波涛向着读者的视觉和感觉滚滚而来。

泰戈尔是印度近现代诗人，他写下了大量咏海的诗篇。如《船长》："我们的航程开始了，船长，我们向你鞠躬！风涛狂啸，浪头狂暴，但是我们行驶下去。危险的恫吓在路上等待着奉献给你他的痛苦的礼物，在风暴的中心有个声音呼叫：'来征服恐怖吧！'让我们不要迟疑着去回顾那些落后的人，或以恐惧和顾虑来使警醒的时间麻痹的人。因为你的时光就是我们的时光，你的负担就是我们自己的负担，而生和死只是你游戏在生命的永存之海上的呼吸……"诗作充分写出了大海的博大胸怀。

《海燕》是前苏联文学家高尔基创作的一首散文诗，主要描绘了海燕与狂风恶浪战斗的形象："在苍茫的大海上，狂风卷集着乌云。在乌云和大海之间，海燕像黑色的闪电，在高傲地飞翔。一会儿翅膀碰着波浪，一会儿箭一般地直冲向乌云，它叫喊着——就在这鸟儿勇敢的叫喊声里，乌云听出了欢乐。在这叫喊声里——充满着对暴风雨的渴望！在这叫喊声里，乌云听出了愤怒的力量、热情的火焰和胜利的信心……"展示出了一幅寄托诗人情感的波澜壮阔的海洋画面。

● 外国海洋戏剧

在中外戏剧史上，曾有许多是叙述和描写战争的。那么，你知道世界上第一部描写海洋战争的戏剧是哪一部吗？这部戏剧就是古希腊著名戏剧家埃斯库罗斯创作的著名悲剧《波斯人》。在这部剧中，通过报信人口述，将决定波斯和希腊两个民族命运的大海战写得栩栩如生，气氛悲壮，节奏紧张，让观众强烈感受到海战的激烈场面，仿佛身临其境，目睹双方军舰攻击冲撞、敌我之间人仰马翻的海战情景。

莎士比亚是英国大名鼎鼎的戏剧家，创作了许多不朽的戏剧作品，如《哈姆雷特》《威尼斯商人》《麦克白》等，其中最著名的海洋题材剧作，是《暴风雨》。剧作描写了米兰公爵普洛斯彼罗被弟弟安东尼奥夺去爵位，带着女儿米兰达和魔术书流亡到一座荒岛，在那里调遣精灵，呼风唤雨。一次，普洛斯彼罗唤来风暴，将安东尼奥、那不勒斯国王和王子乘的船刮上荒岛，凭借魔法，让恶人受到教育。待安东尼奥痛改前非后，普洛斯彼罗饶恕了他，兄弟和解，结果普洛斯彼罗恢复爵位，米兰达与王子结婚，一同回到意大利。莎士比亚在《暴风雨》中赞美了淳朴的爱情，谴责了自私的阴谋，肯定了理性和智慧的力量。

● 外国海洋小说

西方的小说不乏与海洋相关内容的作品和作家，为世界海洋文学宝库增加了色彩浓重的一笔。

《鲁滨逊漂流记》是英国18世纪小说家笛福创作的一部长篇小说。小说讲述了鲁滨逊在去非洲途中遇风暴漂流到一座无人荒岛上的28年生活。他建住所、制器皿、驯野兽、耕土地，寻找食物，终于改善了生活环境，并将一个土著练成为自己的奴仆，最后乘英国商船回国。作品歌颂了资本主义原始积累时期冒险进取的精神，在歌颂人和自然界斗争的同时又极力美化殖民掠夺行为。鲁滨逊成为资产阶级企事业家的英雄典型。

雨果是法国浪漫主义作家，他的海洋小说《海上劳工》受到了各国读者赞誉，成为不朽的世界名著。《海上劳工》写了这样一个故事：书中的男主人公叫吉里雅特，是一个诚实淳朴、富于自我牺牲精神的渔民。他家境贫寒，只有靠出海打鱼维持生活。后来他历尽艰辛得到了娶心爱姑娘的权力，可此时，那位姑娘已经对神捕埃贝里诺产生了感情。善良的吉里雅特为了成全姑娘和神捕的恋爱，最终痛苦地放弃了自己对爱的追求。故事的结局充满悲剧色彩，吉里亚特坐在岸边，任凭涨起的潮水将他吞没。

海明威是美国20世纪的著名作家，创造出不少经典的海洋文学作品，其中成就最高的当属中篇小说《老人与海》。这部作品反映了海明威一贯的主题思想：即一个人可能被消灭，但决不能被打败。主人公桑提亚哥在同马林鱼和鲨鱼的搏斗中表现出了坚忍不拔的精神，他制服了前者，而输给了后者，但在失败面前，他不失尊严，毫不气馁，勇敢地面对现实。

● 海洋音乐

音乐与海洋有着密不可分的关系，海洋音乐是人类献给海洋和自身的赞歌。

和文学、美术一样，音乐也常以神话作为重要的题材来源。人类海洋神话丰富多彩，它们成了海洋音乐的肥沃土壤。在1796年到1798年间，著名音乐家海顿完成了对清唱剧《创世纪》的谱曲。剧本叙述的是上帝如何创造天地万物，如何创造海洋的故事。海顿以一种光明、欢快的基调，充分运用音乐的描写性段落，展开丰富的想象，发挥其单纯质朴、和谐流畅的艺术风格，充满激情地赞美人间万物，讴歌海洋的诞生。海顿在这部乐曲中洋溢的乐观浪漫情怀和音乐创作上的新颖表现手法，成为后来许多作曲家此类题材音乐创作的灵感源泉。

海洋魅力无穷，即使不依托神话和文学，仅其自身的独特魅力就足以激发音乐家们的创作灵感。芬兰作曲家西贝柳斯从15岁起学拉小提琴，他时常来到海边练琴，琴声融入浪声，使他从小就积淀了对家乡大海的深切眷恋。23年后他创作了早期代表作《D小调小提琴协奏曲》。乐曲的第一乐章如同一幅芬兰北部海湾的风景画，在这幅画面上，夜色降临，不远处时时传出海浪拍岸的声音。一位远方来的行吟歌手在岸边点起篝火，借着火光，和着海浪，唱着沉郁苍凉的歌。第二乐章场景同样在海边，那是作者对自己童年生活的回忆，慢速的柔板中，作曲家仿佛又回到15岁的少年时代，正用琴声倾吐着自己的心声，和大海交流着内心的情感秘密。

海盗是一种古老的海上犯罪集团，它伴随着人类海运的发展而产生，特别是在帆船航海时期，海盗成为海上社会的风云角色，因此海盗成为文学艺术中经常出现的角色。如1815年拜伦的叙事诗《海侠》被搬上芭蕾舞台，阿道夫·亚当为之作曲。故事描写年轻的海盗首领康拉德爱上了被他俘获的渔家姑娘米多拉。但海盗副首领毕尔帮托也为米多拉的美貌倾倒，他设计陷害康拉德，并将米多拉卖给当地总督。康拉德愤然回击，最终击败毕尔帮托，救出米多拉，两人一起扬帆远去。该剧上演后不久就流传到欧洲各国，为各国人民所喜爱。

随着人类海洋事业的发展，蓝色潮汐不但拍击震撼着整个人类社会生活，而且唤起无数人对它的向往，这之中不乏音乐家。他们把自己对海洋的理解与热爱凝汇成音符，创造出不朽的海洋音乐作品。在日本，有一位盲人音乐家宫城道雄，7岁双目失明，幼年时期在大海泛舟时的所见所感，成了它永久珍藏的记忆。他靠着音乐家天才的创造力和敏锐的听觉创造出筝与尺八（日本民间乐器）的二重奏名曲《春之海》。乐曲充分发挥了古典器乐韵味隽永的特色，展现了一幅平静、秀丽的海上风景画，表达了盲人音乐家对海洋的深挚恋情。此曲传到海外，引起了极大轰动，成为世界经典名曲。

在中国，东方的海洋上也同样荡起过无数古老的乐声。在中国古籍记载中有不少描写海洋的音乐作品。《咸池》就是古老的作品之一。《咸池》又作《大咸》，相传是唐尧时代的乐舞，这个"咸池"是"日浴处也"，即太阳升起的地方——大海。

中国古代音乐在相当大的程度上是和文学创作相辅相成的。大量诗词曲中描写海洋题材的作品不仅可以用来念，而且可以在音乐伴奏下唱出来。如《碣石调》是古曲调名，也是现存最古老的古琴乐谱之一，填唱的是魏武帝曹操的乐府诗《观沧海》。类似的情况还有《浪淘沙》《水龙吟》等。中国古曲音乐创作中有丰富的海洋题材作品。

● 海洋绘画

人类究竟是谁第一个画出海洋的景象的？这个问题已经无法找到答案了。但我们可以肯定的是它比文字更早产生。已知最早的海洋题材美术创作，其年代可上溯到7000—9000年前。近年来，考古学家在北极圈以北450千米处，现属挪威的威瑟尔岛地下发现了一处壮观的史前艺术长廊。这里至少有100幅表现石器时代人、动物和原始船只形象的作品。据考古学家分析，这些绘画作品可能是当时住在海岛的原始居民为了某种宗教而在岩壁上刻画出的图腾浮雕。这上面有鹿、鸟、鲸鱼等动物，还有人和船，其中一幅是一位渔民坐在船边捕捞大比目鱼。这可能是人类到目前为止最早的表现海洋题材的美术作品了，它从一个侧面反映了远古时代沿海人类的海洋生活。

在人类海洋美术的长廊中，海洋神话题材的作品占有极大比重，特别是17、18世纪以前，海洋神话成为海洋题材绘画的主要源泉。如17世纪法国画家普桑创作的名画《海神的凯旋》。这幅画表现的是海神波塞冬从哥哥、天神宙斯那儿分得了海域，并把古代地方性海神涅柔斯、俄刻阿诺斯、普洛透斯等排挤到次要地位后凯旋的情景。

法国印象派画家莫奈的《日出·印象》是一幅杰出的海景画作。这是画家描绘沿海港口一个多雾早晨的景象：海水被晨曦染成淡紫色，天空被各种色块晕染成微红，水的波浪由厚薄、长短不一的笔触绘就，三只小船显得朦胧模糊，船上人影依稀可辨，远处的工厂烟囱，大船上的吊车等若隐若现。画家运用零乱的笔触来展示雾气交融的景象，是史无前例的，成为画坛精品之作。

海难是海洋绘画作品中的一个重要主题，展现了大海狂暴嚣张、令人恐怖的一面。这方面的代表作有 19 世纪法国画家席里柯的不朽名作《梅杜萨之筏》，此画以金字塔形的构图，充分表现了遇难者与海洋做最后搏斗的悲壮景象，人们虽已面临死亡，但画家却用一种青褐色的基调，烘托出了人们扭曲却仍坚韧的躯体造型，充分表现了人与海洋勇敢斗争的精神。

中国是人类最早把海洋引进美术创造的民族之一。早在半坡文化时代的古人就给我们留下了"人面鱼纹"这一精美而神秘的图案。中国古代画家笔下，有许多关于海洋的著名作品。如以海洋神话为题材的《瀛洲神仙图》（东晋·司马绍）、《白描过海罗汉》（唐·周昉）、《海神听讲》（宋·赵伯驹）、《海上三山图》（清·袁江）；有以海洋历史人物为题材的《秦王东游图》（东晋·戴勃）、《秦王游海图》（南朝·宋·谢稚）；有以船舶舟师为题材的《吴王舟师图》（西晋·卫协）、《王濬弋船图》（东晋·史道硕）；有描摹海洋景色的《水图》、（南宋·马远）、《观潮图》（清·梅庚）等等，内容非常广泛。

● 海洋雕塑

海洋雕塑与海洋绘画的历史同样悠久。在埃及美迪娜特·哈布神庙中，有一座大约创作于公元前 12 世纪末的浮雕，被誉为世界上最古老的海战图，它不仅让我们了解到古代海战的情景，也让后人对古埃及人高超的造型艺术而惊叹。

希腊雕塑艺术是人类古典艺术宝库中的精品之作，其中表现希腊海洋神话和希腊人海洋生活的作品屡见不鲜。《萨莫色雷斯的尼开神像》是其中一件代表作。尼开是希腊的胜利女神。神像高 2 米，是为了纪念萨莫色雷斯岛的征服者德米特里，在一次大海战中击败埃及王托勒密舰队而雕塑的。神像被固定在一个船头形状的台座上。虽然神像的头和手在出土时已不知去向，但依旧能从其生动体态上，想象出胜利女神的优美姿态，显示古希腊雕塑艺术的独特魅力。

海洋神话同样也是后世雕塑家们创作的重要题材。意大利 17 世纪雕塑家乔·贝尼尼创造的《海神之子》，立于罗马亚尔比利广场的喷水池中央。在这里，雕塑家把海神波塞冬雕成了一个老渔民的样子。在波塞冬叉开的两腿中间，卧着他的儿子小海神特里同，他一手扶着父亲的身体，一手高举着那只能呼风唤雨的神奇海螺。整个造型摆脱了神话的神秘色彩，富有浓郁的现实生活气息。

到后来，雕塑家们逐渐对海洋有了新的美学认识，人类本身逐渐成为创作的主体，着重描摹人类海洋生活的丰富多彩。《玩乌龟的那不勒斯渔童》是19世纪法国著名雕塑家卡尔波的作品。雕像是一个淘气的渔家男孩，全身赤裸，蹲在海边的沙滩上，双手捧着一只大海螺壳，正把它凑在耳边，好像正在倾听大海的回声和海螺的倾诉。男孩的表情天真无邪，顽皮可爱，给人一种愉悦的感觉，这正是雕塑家对现实生活的浪漫想象和抒情化艺术构思的巧妙写照。

中国的海洋雕塑艺术具有独特的东方海洋韵味。在战国古墓出土的"水陆攻战铜鉴"纹饰、故宫博物院所藏"宴乐渔猎攻战壶"纹饰，都有乘船航行、战斗的生动场面。此外，如浙江甲村出土的铜钺上，有以流畅的线条绘制的航行图；广州出土了东汉墓葬陶船模等文物。中国古代海洋题材的雕塑作品，龙的形象频繁被采用。其实龙的原始属性并不是为海洋所独有的，但龙文化自身的发展使它日趋与海洋关系密切。所以龙成为中国古代海洋题材雕塑创作的主角，比较著名的有"中国三大九龙壁"，即故宫内的九龙壁、山西大同九龙壁、北京北海公园九龙壁。

中国的海岸线漫长，沿途有许多颇具民族特色的诗文镌刻于山岩巨石，成为一道独特的人文自然景观。其中最著名的要算在海南岛的南部，分别刻在两块遥相对峙的巨石上的"海角"与"天涯"了。这4个字气势恢弘，笔力刚健。传说出自北宋苏东坡之手。更早的题刻要数秦始皇东巡入海时，丞相李斯于山东半岛的最东端勒石立碑所书的篆字"天尽头"3个字了。在广东南海的莲花峰山顶和石壁上，刻有宋代名臣文天祥所书的"望帝"和"终南"4个字。

关于人物题材的海洋雕塑也在沿海地区屡见不鲜。在海南三亚，距离"天涯海角"不远的一处山海奇观处，就有一座大型花岗岩群雕像《鉴真登岸》。周围山海相衬，令雕像栩栩如生，那个神态端庄、身披袈裟、双手平抱胸前的就是鉴真，他右边的是日僧荣睿，左边的是两个弟子祥彦、思托，那位高举左臂的则是日僧普照。

在美丽的海滨城市厦门，位于鼓浪屿东南部的复鼎岩上，屹立着一座高达15.7米的花岗岩雕像，它就是民族英雄郑成功的雕像，这是我国目前历史人物雕像中最高大的一座。雕像中的郑成功身穿战袍，头戴帽盔，手中握剑，凝望着茫茫大海，一副飒飒英姿，威严之气逼人。

● 海洋舞蹈

人类在没有文字以前，就已经有了舞蹈这种艺术形式。沿海的海洋社会生活中，人们由于终日与海为伴，朝夕相处，海洋文明日夜滋润着他们的生活，充满灵性的海洋舞蹈自然而然应运而生。这些风格各异、丰富多彩的舞蹈给渔家人或陆地上的农耕者带去了无限的遐思，或蓝色的梦幻。

在中国福州地区，有一种叫海族灯舞（亦称为"九鲤舞"）的舞蹈。该舞由24种海鱼模型灯为道具，由1至3人执一条鱼灯，按照各种鱼的活动习性模仿表演不同鱼的游水动作。这些鱼灯造型逼真，里面还装有灯具，夜间表演时，鱼光点点，时隐时现，忽高忽低穿梭而过，就像鱼儿嬉戏于大海之中，感受到"如鱼得水"的愉悦。

抗击海盗或外来入侵者也是古时沿海居民生活的一部分，这种抗击往往又衍化出一些独特的海洋舞蹈。如福建平潭的"藤牌舞"，就来源于明代戚家军抗倭时所用的"鸳鸯阵"，因藤牌在阵中的突出作用，而被称为"藤牌操"，一直是平潭民间自卫性的武操。在冷兵器退出军事舞台后，以舞蹈的形式流传至今。该舞表演时，舞台上布置着东西城门，中插黄色三角旗。"士兵"分穿两色服装，操持着20多种长短兵器，相互对插，或进或退，不断变换阵势，如"一字长蛇""二龙出水""三才定穴"直至"十面埋伏"阵，摸爬滚打，模拟格斗场面，最后一举击毙前来进犯的日本倭寇或西方红毛；随后灯光通明，火炮齐鸣，藤牌手舞狮庆贺。整个舞蹈场面威武雄壮、动作孔武有力，充满了打败侵略者的自豪和骄傲。

● 海洋影视

在中外电影史上，以海洋为题材的电影作品不断涌现，很多影片非常著名。比如中国的电影《甲午风云》《海鹰》等。《甲午风云》真实生动地再现了19世纪末中日甲午战争中丰岛、黄海两次海战，场面浩大、气势宏伟，悲壮地歌颂了中国海军将领邓世昌，水兵王国成等英雄们威武不屈的气概，深刻揭露了日本帝国主义者的侵略本质和清朝政府官员的昏庸腐朽，淋漓尽致地表现了这一历史事件中人民群众和爱国官兵反侵略、反投降的爱国主义精神，谱写了一曲气势磅礴的爱国主义颂歌，把一段历史悲剧，塑造成杰出的艺术经典。《海鹰》这部影片是根据1958年8月24日一次真实的海战战例为蓝本创作而成的，再现了我海军战士英勇作战的风采，它以摄影和特技的突出效果，创造出惊险、紧张、奇特的海战场景，烘托了指战员们的高昂斗志和整个战斗过程。影片不回避战斗的艰险与严酷，让主人公们在激烈险恶的战斗中显示其英雄本色，充满了革命乐观主义的气氛。

外国这方面的电影有《泰坦尼克号》《大白鲨》等。《泰坦尼克号》是根据历史上著名的"泰坦尼克号"海难演绎的一个爱情故事。它描写了男女主人公杰克、罗斯的船上爱情，增强了那场惊心动魄的大海难的悲剧性。尤其是描述杰克、罗斯这对年轻恋人在沉船后的生离死别，堪称银幕经典。《大白鲨》讲述的是一条巨型食人鲨出没于小镇海岸，使得人心惶惶，于是小镇警长、捕鲨老手和青年学者一齐出海合力将它消灭的故事。影片中大白鲨给我们一种强烈的真实感和恐惧感，并揭示出了人性深处的善恶，给予人们以启示和教育。

动画片是一种特殊形式的电影，主要运用绘画来表现艺术家的创作意图，尤其为少年儿童所喜爱。《哪吒闹海》是我国第一部大型宽银幕动画片，色彩鲜艳，风格雅致，想象丰富，以浓重壮美的艺术形式焕发了海洋动画电影的光彩。影片取自《封神演义》的一个片段，讲述了哪吒大闹龙宫，战败龙王，为民除害的故事，突出了哪吒见义勇为、不畏强暴的正义精神，成为广大青少年永久的经典记忆。美国动画片《海底总动员》描述在美丽的澳洲大堡礁海域中，活泼好动的小丑鱼尼莫，不幸被专门收藏观赏用鱼的潜水人士捉到，被卖入悉尼一间牙科诊所中，心急如焚的老爸决心要远渡重洋试图找到尼莫，路上还遇见了热心助人却只有短暂记忆的帝王鱼多莉，他们不畏艰险最终顺利营救出了尼莫，一场亲情团聚的大戏在充满泪水的眼睛中落下了帷幕。电影以温情的寻子故事为主线，独特有趣的海底生物造型，幽默诙谐的对白，惊险万状的海底追逐，以及高超的3D动画技术描摹出的瑰丽新奇的海底世界，使观众——不只孩子，就连成年观众都会陶醉在观赏之中。

中外电视剧中以海洋为主要背景和内容的作品，比电影更多。中国电视剧方面，如《三宝太监闯西洋》，展现郑和富有传奇色彩的航海经历，再现了当年郑和率领200多艘巨船和2.7万余名官兵，云帆高涨，昼夜星驰，出访南洋和亚非各国的世界航海史壮举。外国电视连续剧方面，如美国《迷失》，讲述了一架客机坠落在太平洋的一个孤岛上，48名乘客侥幸生还的故事。美国的救生员剧《生死海滩》是世界上收视率最高的电视连续剧之一。故事情节围绕海滩护卫队员的营救故事展开，最大看点是海边的旖旎风景，以及无数的泳装帅哥、美女。

● 海洋摄影

摄影艺术是一门较为年轻的艺术门类，它是紧紧伴随着每个时代高新科技发展而发展的。海洋作为摄影作品中的众多题材之一，在世界摄影艺术史上占有重要地位，留下了许许多多精品之作。

海洋摄影分纪实性摄影和艺术摄影。纪实性摄影具有留住历史瞬间的难得的文献性。如关于海战题材的摄影作品，有日本存世的甲午海战老照片，是当时日本随军摄影师拍摄的，其中有北洋水师曾引以为傲的"镇远"号和"定远"号铁甲舰。铁甲舰在当时海军中的地位类似今人眼中的航空母舰，"定远""镇远"二舰堪称当时"亚洲第一巨舰"。也有拍摄当时海战状况的照片，给我们讲述着当时最真实的历史场景。又如1941年日本偷袭珍珠港的照片，其中有一幅是美军战舰"亚利桑那"号被击中后开始沉没的情景，它是当时美国太平洋舰队的主力战舰，舰上1177名将士全部殉难。还有一幅照片是海员乘坐汽艇在沉没的"西弗吉尼亚号"战列舰旁搜救幸存者，巨大的战舰已经浓烟滚滚并不断下沉。艺术摄影主要以海洋自然风景艺术摄影作品为多，如浩渺的海面，美丽的海浪，奇妙的海岛，浪漫的沙滩，五花八门的海底世界等，使人得到心灵的震撼、静谧等不同的审美感受。

● 其他海洋艺术

海洋艺术无处不在，并不是只局限于上述所列这些，只要仔细去观察生活，我们可以发现许多与海洋相关的艺术。

比如，货币，不仅仅是作为商品交换的等价物存在，货币的设计本身也是一种艺术。不同民族、不同国家的货币上，总是带有这个民族、这个国家特定生活的文化气息。我们常说海洋的影响无处不在，在许多国家的货币上都刻着人类海洋生活的印记。很多民族最初使用的货币都是贝壳，印度人早在公元前7世纪就把贝壳作为货币流通使用了，而20

世纪30年代，南洋一些土著居民仍用贝壳进行流通。中国也是最早使用贝壳作为货币的国家之一。在现今许多遗址出土的文物中就有许多贝币，可见当时贝币的流通十分广泛。

此外，许多国家的货币上还有海洋生物、人物的图案，这也说明了各民族人民的生活与海洋的密切关系。早在古罗马时期，其方形的货币上就有海豚的图案。在叙利亚，海豚也是货币纹饰的主要图案。在北欧岛国冰岛的货币上，绘着冰岛海域盛产的鳟鱼和鲔鱼。这类例子不胜枚举。还有许多国家的货币上有扬帆行驶的海船、铁锚与锚链的象征图形；有日出沧海的抽象画面；有飞舞盘旋的海上神龙等等。

海洋的形象甚至成为许多国家神圣的国旗和国徽的图案，体现了这些国家和民族与海洋的息息相关。具有悠久航海历史的葡萄牙国旗上有一小半绿色，表示对葡萄牙航海家亨利亲王的敬意。其国旗和国徽上的图案是一个古老的航海仪——金色的浑天仪，象征葡萄牙航海家走遍地球各角落进行全球航海探险的历史记忆，可见葡萄牙历史与海洋的密切关系。科威特国徽以蔚蓝的天空、起伏的海浪和涌动的白云为背景，海面上阿拉伯白帆船破浪前行，象征这个国家的航海与通商历史。东非塞舌尔共和国国徽上是一片蓝天白云下的海洋，海中两座岛屿象征着塞舌尔国土由两组岛屿组成；海上行驶着一艘白色帆船象征着塞舌尔的渔业经济；国徽上还绘有一只类似海龟的玳瑁，国徽两侧各有一条大旗鱼。此外突尼斯、坦桑尼亚、莫桑比克等国的国徽上都有大海的象征。美洲的大多数国家国徽上都有大海的印迹。像巴巴多斯、巴拿马、多米尼加、厄瓜多尔、哥伦比亚、加拿大、乌拉圭、古巴等等，国旗国徽上都有大海帆船、海洋生物等图形。一个国家的国旗国徽是这个国家庄严的象征，那上面的海洋的印迹，是这个国家或民族的文化与海洋密切相关的写照。

神圣的海洋权益

● "海洋国土"

凡是沿海或岛屿主权国家，都有自己的海疆。现在人们为了强调海疆与内陆国土一样重要，往往把国家的海疆说成是"海洋国土"。

但"海疆"和"海洋国土"的基本概念，并不完全相同。"海疆"是传统的说法，包括沿海地带、岛屿和管辖海域。"海洋国土"是现代说法，指的是在国家主权管辖下的海域及其上空、海床和底土。

根据《联合国海洋法公约》的规定，一国的内海、领海属于国家领土的组成部分，国家对其行使主权，对其内的一切人和物享有专属管辖权。因而，内海、领海是完全意义上的海洋国土。同时，"海洋国土"还包括该国管辖的领海的"毗连区""专属经济区"和"大陆架"。

"内海"，是指领海基线向内一侧的全部海水，包括：海湾、海峡、河口湾；领海基线与海岸之间的海域；被陆地所包围或通过狭窄水道连接海洋的海域。

"领海"，是国家主权扩展于其陆地领土及其内水以外邻接其海岸的一带海域，称为领海。

"毗连区"：指在领海外又与领海毗连，由沿海国对海关、财政、卫生和移民等特定事项行使管辖权的一个海域。

"专属经济区"：是指沿海国在其领海以外邻接其领海的海域所设立的一种专属管辖区。在此区域内沿海国为勘探、开发、养护和管理海床和底土及其上覆水域的自然资源的目的，拥有主权权利。在这种新的国际法制度下，沿海国家享有对专属经济区的自然资源进行勘探、开发、养护的主权权利，享有对海洋科学研究、海洋环境保护、人工岛屿及其他设施的建设和使用的管辖权；其他国家则享有航行、飞越、铺设海底电缆和管道的自由。专属经济区从测算领海宽度的基线量起，不得超过

163

200海里。

国家在毗连区、专属经济区和大陆架上并不享有"完全"排他的主权，只享有部分事项的管辖权、对自然资源的主权权利和对某些事项的管辖权。因此，这一部分"海洋国土"，是"不完全"意义上的海洋国土。

至1990年初，全世界有80个国家宣布了200海里专属经济区，21个国家宣布了200海里专属渔区，另有一批国家宣布了200海里专属经济区。

按《联合国海洋法公约》的规定，我国管辖海域约为300万平方千米。即我国海洋国土面积为300万平方千米。但由于我国与隔海相向的一些邻邦之间，双方的主张海域有一些是重叠的，如何划界，至今仍存在分歧；我国的一些岛屿也被一些邻邦实际控制，如我国东海的钓鱼岛、南海的南沙群岛岛屿等。如何实现我国主权海域的主张，如何实现我国被邻邦占据全部岛屿的主权回归，并由我国实际管辖，现在尚未解决。我国神圣的海洋权益，面临着威胁。

● 《联合国海洋法公约》制定的背景

西方强权扩张后，传统"公海自由航行（Freedom of the Seas）"原则受到了极大的破坏。"公海自由航行"来自荷兰海军舰炮的射程（当时舰炮射程为三海里），从陆地起算三海里之外算是"公海"。但自20世纪中期以后，各大国为争夺海洋资源、保护海上矿藏、渔场并控制海洋污染和划分责任归属，传统公海概念已不敷使用。国际联盟曾于1930年专门召开相关会议对此进行讨论，但并未获得相关成果。而海上强国美国首先由杜鲁门于1945年宣布，美国领海的管辖延伸至其大陆架，自此打破了传统公海的认定原则。紧接着，众多国家相继延伸了领海到12海里或200海里不等。至1967年，只剩下22国沿用3海里的早期规定。

从20世纪60年代以来，世界上沿海国家相互之间对海域的管理、对大陆架的开发、对海中岛屿的主权要求等越来越多，争端越来越大。在这样的历史背景下，1982年联合国制定了《海洋法公约》（英文为United Nations Convention on the Law of the Sea，开头字母缩写为UNCLOS），1994年11月16日正式生效。公约将世界海洋分为内海、领海、毗连区、专属经济区、大陆架、公海、国际海底等7个不同的区域，沿海国除拥有作为其领土一部分的内水和领海外，还可以拥有毗连区、专属经济区、大陆架等其他新的管辖海域。世界上大多数沿海国家加入了该条约，据此扩大了管辖海域范围。全世界海洋中约有1.29亿平方千米的海域被划分为沿海国的专属经济区，占世界海洋总面积的35.8%。

《联合国海洋法公约》的制定依据国际海洋法的习惯规则，规定了各沿海主权国家12海里领海宽度和200海里专属经济区制度，确定了沿海国对大陆架的自然资源的主权权利。《公约》明确宣布，国家管辖范围以外的海床和洋底区域及其底土以及该区域的资源为人类的共同继承财产，其勘探和开发应为全人类的利益而进行。

● 《联合国海洋法公约》的内容

《联合国海洋法公约》共分为17个部分，计320条，9个附件。第一部分是《公约》的用语和范围，第二部分是领海和毗连区，第三部分是用于国际航行的海峡，第四部分是群岛国，第五部分是专属经济区，第六部分是大陆架，第七部分是公海，第八部分是岛屿制度，第九部分是闭海或半闭海，第十部分是内陆国出入海洋的权利和过境自由，第十一部分是国家管辖范围以外的海床和海底及其底土区域，第十二部分是海洋环境的保护和保全，第十三部分是海洋科学研究，第十四部分是海洋技术的发展和转让，第十五部分是争端的解决，第十六部分是一般规定，第十七部分是最后条款。附件一是高度洄游鱼类，附件二是大陆架界限委员会，附件三是探矿、勘探和开发的基本原则，附件四是企业部章程，附件五是调解，附件六是国际海洋法法庭规约，附件七是仲裁，附件八是特别仲裁，附件九是国际组织的参加。

● 《联合国海洋法公约》的执行

《联合国海洋法公约》于1982年12月在牙买加开放签字，我国是第1批签字的国家之一。按照该《联合国海洋法公约》规定，公约应在60份批准书或加入书交存之后一年生效。从太平洋岛国斐济第一个批准，直到1993年11月16日圭亚那交付批准书止，已有60个国家批准，《联合国海洋法公约》于1994年11月16日正式生效。我国于1996年5月15

日批准该"公约"，是世界上第93个批准该"公约"的国家。到目前，已有150多个国家签注并批准该公约。另有包括美国在内的26个国家签署但未批准，包括以色列等的18个国家尚未签署。

● 《联合国海洋法公约》面临的问题

虽然《联合国海洋法公约》在法理上解决了关于海洋的问题，但是因为历史、现实、经济、政治等因素的作用，世界上海洋争端依然不断，而《联合国海洋法公约》中的相关条款，在某种程度上加快了临海国家对海洋的划分，从而加剧了一些争端。要让《联合国海洋法公约》能够为世界人民带来利益，还需要各个国家在今后一段相当长的时间内以全人类利益为重，树立中国文化中的以和为贵的理念，通过建构世界海洋和平、和谐的新秩序加以实现。

● 中国的海洋国土

在世界古代和近代历史上，尽管西方国家由于战争和殖民的需要，相互争夺、控制海洋，纷纷提出一些海权要求，但中国历史上一直是一个主张和平的世界大国，在西方强盗东来之前，以中国为中心的东亚世界从来没有相互抢夺、控制海洋的需要，而且直到中英鸦片战争之前，中国一直是世界上最强大的国家，还没有哪个国家敢于与中国为敌。鸦片战争之后，虽然西方和日本抢占中国的地盘，中国的海防却因清政府崇洋媚外，采取投降、卖国路线，所以不战自败、每战必败，海防已形同虚设，中国已不可能主张海权。所以，直到20世纪初期，中国和东亚各国都从来没有颁布过"领海"制度。历史上中华民国政府曾宣布过3海里领海主张，但由于当时的国内外形势和民国政府的对外政策，这一主张如同一张废纸，领海里到处是横冲直撞的外国舰船。

中华人民共和国成立以来，中国政府果断而又坚决的废除了一切与外国签署的不平等条约，收回并保卫了领海权。1958年9月4日，中国政府发表关于领海的声明，规定了我国12海里的领海制度。1992年2月25日，经第七届全国人民代表大会第二十四次会议通过并颁布《中华人民共和国领海及毗邻区法》，据此和有关的国际法、国际惯例，确定了中国的领海制度主要内容。

● 中国的领海

中国的领海宽度为12海里（我国规定1海里=1852千米）。此项规定适用于中国的一切领土，包括中国大陆及沿海岛屿，台湾及其周围各岛，澎湖列岛、钓鱼岛列岛、东沙群岛、西沙群岛、中沙群岛、南沙群岛及其他属于中国的岛屿附近的海域。我国领海基线的划分方法为直线基线法，从基线向外延伸12海里的水域是中国的领海。在领海基线以内的岛屿，都是中国的内海岛屿。

中国政府拥有其领海的全部主权，包括领海上空的主权。一切外国飞机和军用船舶未经我国政府的许可，不得进入我国的领海和领海上空。任何船舶在我国领海航行，必须遵守我国政府的有关法令。

● 中国的内海

根据《联合国海洋法公约》关于内海水划分原则，领海基线以内构成沿海国内海水水域。1992年2月25日颁布的《中华人民共和国领海及毗邻区法》规定："中华人民共和国领海基线向陆地一侧的水域为中华人民共和国内海水。"我国的内海海域包括被领海基线划入的海湾、海峡、港口、河口等。我国的内海由我国实行完全排他性的管辖权。

● 中国的毗邻区

为了真正确保我国领海的权益，中国政府在邻近领海外沿的水域设定了一个同领海相接的毗连区域，即毗连区。其法律制度的主要内容是：中国的毗连区的宽度为12海里，中国政府有权在毗连区内，对违犯安全、海关、行政、卫生或出入境管理法律的行为行使管辖权，中国的军用船只或政府公务船只可以对其行使紧追权，并绳之以法。

● 中国的大陆架和专属经济区

中国有漫长的海岸，大陆架极为广阔，还有相当数量的岛架。为维护中国合理、合法的海洋权益，保障中国对专属经济区和大陆架行使主权权利和管辖权，1998年6月26日，第九届全国人民代表大会常务委员会第三次会议通过了《中华人民共和国专属经济区和大陆架法》。该法规规定，中国的专属经济区为中国邻接领海的区域，从测算领海宽度的基线起延至200海里；中国的大陆架为领海以外我国陆地领土在海底区域的全部自然延伸，包括海床和底土。中国的大陆架如果从测算领海宽度的基线量起，至大陆架边缘的距离不足200海里，则扩展至200海里；中国与海岸相邻或相向的国家之间，则在国际法的基础上按照公平原则以协议划定界限。

中国享有在专属经济区进行勘察、开发、养护和管理主权。任何国际组织、外国组织或者个人进入中国专属经济区从事渔业活动，都必须经中华人民共和国相关主管机关批准，并遵守中华人民共和国的法律、法规以及与之有关国家鉴定的条约、协定。

● 中国的海洋国土面积

根据中国法律和《联合国海洋法公约》的相关规定，中国正式拥有37万平方千米的领海，近300万平方千米的可管辖海域，在世界临海国家中排名第九。除此之外，中国作为国际海底资源开发的先驱投资者之一，在太平洋海域还拥有15万平方千米的海底矿区专属开采权，根据有关国际规定，这片矿区中有7.5万平方千米的矿产资源完全归属中国。

中国背依亚欧大陆，面向太平洋，拥有的大陆海岸线北起鸭绿江口，与朝鲜相邻，南到北仑河口，与越南相连，共计长度为1.8万多千米，途经辽宁、河北、天津、山东、江苏、上海、浙江、福建、广东、广西等7省2市1自治区，是世界上海岸线最长的国家之一。

中国的海域自北向南为渤海、黄海、东海、南海共四大海区，此外，台湾岛东部濒临的太平洋也有一部分属于中国的领海。

在中国辽阔的海域中，星罗棋布地排列着6500多个大小岛屿，总面积80000多平方千米。6500多个岛屿中，60%集中在东海，30%在南海，其余的10%散落在渤海和黄海。在众多的岛屿中，面积最大的是台湾岛，最大的群岛为舟山群岛，最大的冲积岛是位于长江入海口处的崇明岛。随着《联合国海洋法公约》的实施，这些岛屿与大陆领土拥有同等法律地位。

● 世界上的海洋权益争端

海洋权益争端，是国家之间的重大利益争端，又称为国际海洋争端、国家海权争端等，是指因相关国家因为海洋空间（包括水域、岛屿、空中、水下和海床及其底土）归属、权利问题而发生的国际争端。包括争执、矛盾和冲突。

《联合国海洋法公约》规定了相对合理的国际海洋法律制度和准则，使得各国的海洋活动有法可依。但这是一柄双刃剑。它一方面在一定程度上可以消除和缓和一些国家之间的海洋利益冲突，有利于建立正常和比较稳定的国家间海洋秩序，一方面可以刺激、导致一些本来相安无事的海洋利益相关国家，各自抢占利益，你争我夺，关系变得紧张甚至尖锐起来，破坏了海洋和谐和海洋和平。尤其是，由于公约是各国相互妥协的产物，许多条款也制定得含糊其辞，以便于争端各方均能接受，因此，在适用和解释公约上，就会出现不同的理解、不同的理由，导致双方各执一词，争端难以解决。这样，国际上海洋争端不是减少了，而是增多了，变得此起彼伏，经常发生。

目前世界上的海洋争端范围很广，其中国家之间关于领海、海岛、专属经济区和大陆架界限的争端，是争端最多的问题。据不完全统计，现今世界上仅海域划界争端就达数百起之多，其中大部分根据《联合国海洋法公约》难以得到有效解决。

● 韩日独（竹）岛之争

在北纬 37°52′18″，东经 131°52′12″，有东西两个小岛和 34 块岩礁，总面积仅 0.18 平方千米。距韩国郁陵岛 49 海里，距日本最近的隐岐诸岛 86 海里。韩国称其为"独岛"，日本称之为"竹岛"。

虽然独岛（竹岛）位于日本海，但自 1952 年韩国发表宣言，就声明独岛是韩国的领土。之后韩国通过划分行政区划及修建码头等方式，意图巩固对独岛的实施占有。之后韩日两国在独岛问题上开始了旷日持久的较量，特别是 2006 年 2 月 23 日，日本岛根县议会强行制定"竹岛之日"法例，宣示对独岛的主权。消息传出后，韩国朝野震惊，韩国政府 24 日要求日方立刻废除该条例案，并称这是侵犯韩国主权的行为。

韩日这场独岛之争有愈演愈烈之势。独岛之争并非仅关系到独岛主权的归属，而且关系到独岛周围海域的所有权的归属。

据韩国媒体报道，在朝鲜半岛历史上，早在公元 6 世纪初，新罗国就有独岛的记录。在古代，独岛曾称为三峰岛，是流放罪犯的地方。又因岛上岩石形状像海狮，又被称作"海狮岛"。朝鲜王成宗时（1471—

1481），独岛称之为于山岛。1667年日本在《隐州视厅合记》中，也承认独岛是韩国的领土。1896年日本外务省编辑的《朝鲜国交始末内深书》，同样标明独岛属于朝鲜。

据日本媒体报道，17世纪初，当时江户幕府渔民大谷甚吉在海上遭遇暴风雨，曾经漂泊于被称为"松岛"的郁陵岛这个无人岛。此后，大谷和村川两家先后到郁陵岛猎捕海驴、捕捞鲍鱼，持续七八十年。到1692年，村川的后代去郁陵岛捕捞，与朝鲜渔民相遇，由此引发了双方对该岛归属的纠纷。1905年，日本入侵朝鲜半岛，随即宣告对独岛（竹岛）拥有主权。同年，日本岛根县知事发布告示宣布"隐歧岛西北85海里处的岛屿称为竹岛，并属于本县"，并于1906年通报当时的朝鲜政府，以此对外确定独岛是日本的领土。

1945年日本战败投降，1946年联合国最高司令官总司令部发表从政治和行政上分离日本若干周边区域的决定书，明确规定把独岛移送给驻韩美军管辖。

历史上韩国和日本积怨很深，特别是从1910年至1945年的30多年间，日本一直对韩国进行着殖民统治，韩国民众对于这段历史至今知耻难忘，所以独岛已成为韩日双方外交摩擦的焦点。

● 日俄北方四岛之争

"北方四岛"，是指俄罗斯堪察加半岛与日本北海道间的国后、择捉、齿舞、色丹四个岛屿。"北方四岛"在地理上属于千岛群岛，因此，俄罗斯也称其为南千岛群岛。"北方四岛"距离日本的北海道很近，位于千岛群岛南端。"北方四岛"中，择捉岛最大，面积约3200平方千米；其次是国后岛，面积约1500平方千米；第三大的色丹岛面积约250平方千米；齿舞是个小群岛，面积约100平方千米。

1855年，俄日两国签署《俄和通好条约》，约定南千岛群岛（包括"北方四岛"）归日本所有，日本先后在南千岛群岛设置行政区划。1945年，苏联在二次大战结束前根据同盟国之间的协定，发起对日军事行动，占领南千岛群岛（包括"北方四岛"）。在1945年雅尔塔会议上，美英承诺苏联在战后得以取得南库页岛及千岛群岛全部主权，并签订雅尔塔协定。日本投降后，苏联即依据雅尔塔协定宣布拥有该岛屿主权。

1956年，苏联和日本两国签署苏日共同宣言，但两国对南千岛群岛的主权问题无法达成共识。此后的2004年，俄罗斯决定归还较小的齿舞和色丹岛（占争议地区领土面积的6%），被日本拒绝。

"北方四岛"具有极大地的军事价值。从俄罗斯方面讲，"北方四岛"的水道是俄罗斯太平洋舰队安全出海的重要通道；在"北方四岛"上建立的庞大侦查网络，可以严密的监视日本近海的一举一动，有巨大的预警保卫功能。从日本方面讲，二战战败前"北方四岛"一直是其海上兵力集结地和待机地，1941年日本偷袭珍珠港的日本"联合舰队"就是在择捉岛集结的。苏联占领"北方四岛"后，日本总有一种被人看住后背的不安全感。

"北方四岛"也具有极大的经济价值。四岛总面积4996平方千米。拥有丰富的资源，大陆架煤气资源储量约16亿吨，黄金储量约1867吨，银9284吨，铁2.73亿吨，硫1.17亿吨。此外，择捉岛还盛产比黄金还贵重的铼，储量高达36吨。齿舞和色丹岛虽小，但附近大陆架盛产海产品，年产量约80万吨。据统计，四岛及大陆架总资源价值达458亿美元。因此，历来日、俄两国对"北方四岛"的归属极为在意。

2006年8月16日，俄罗斯巡逻艇向接近争议地区的日本渔船鸣枪示警，打中一个渔民的头部致死，日本舆论群情激愤。2009年7月3日，日本参议院一致通过"促进北方领土问题解决特别法"修正案，明确宣称"北方领土为我国固有领土"。这是日本首度在法案中将北方领土明定为"固有领土"，明确赋予日本拥有北方四岛主权的法源依据。而俄罗斯随着经济的复苏，在"北方四岛"的立场上日趋强硬，甚至有不惜动用武力保卫边界的表态。

● 阿英马岛之争

阿根廷与英国关于马尔维纳斯群岛（Malvinas Islands）（简称"马岛"，英国称福克兰群岛 Falkland Islands）归属问题的争端，即人们常说的"阿英马岛之争"。

马尔维纳斯群岛位于阿根廷南端以东的南大西洋水域，距阿根廷约500千米，距英国本土约13000千米。面积约1.2万平方千米，由索莱达（东福克兰）、大马尔维纳斯（西福克兰）两大岛和200多个小岛组成。马尔维纳斯群岛离南极较近，气温低，每年的雨雪季节长达250多天，由于环境艰苦，故岛上人烟极少。岛上现有居民2400多人，90%以上是英国移民。首府是阿根廷港（Puerto Argentino，英国称斯坦利，Port Stanley）。

马岛扼守太平洋和大西洋航道要冲麦哲伦海峡，和南极大陆遥遥相对，在巴拿马运河开通以前，战略地位十分重要，在历史上是世界海上强国争夺之地，法国、英国、西班牙、阿根廷等国均对马岛进行过占领。阿根廷历史学家认为马岛是1520年由葡萄牙人发现的，英国学者则认为英国航海家戴维斯1592年最先发现马岛。18世纪中叶，法、英先后在两大岛上建立居民点并少量驻军。1770年西班牙开始管辖群岛，但英国以最先发现为由，声称仍对群岛拥有主权。1816年阿根廷脱离西班牙的统治取得独立后，宣布继承西班牙对马岛的主权。1833年英国武装占领马岛，驱逐了阿驻岛总督和岛上居民。此后两国的马岛主权之争从未间断。二战结束后，阿英两国断续进行了多次谈判，但是没有结果。

1972年，马岛附近海域发现了丰富的石油和天然气资源，马岛问题的谈判变得更加复杂。1982年谈判再次破裂后，阿政府派兵占领马岛，英宣布与阿断交并派出特遣舰队，"马岛战争"爆发。英军攻占马岛首府，驻岛阿军宣布投降。战后，马岛开始使用自己的宪法、货币、旗帜和国徽，以体现岛民"自治"。几经谈判，阿英于1990年达成恢复邦交协议，但英国一直拒绝讨论马岛主权问题。而根据马岛1985年自定的宪法，马岛属英海外领地，除外交与军事事务外，岛民实行"自治"，英在马岛驻有军队，总督代表英女王行使权力。

1993年，阿根廷政府建议马岛和阿根廷之间保持特殊关系，并建议重开谈判，但遭到英国的拒绝。

1995年，阿根廷和英国在纽约签署一项联合声明，宣布在各不放弃对马尔维纳斯群岛主权立场的前提下，决定在该岛水域进行石油和天然气勘探与开采合作。同年，阿根廷与英国宣布，两国政府同意1996在伦敦举行外长级会议，讨论马尔维纳斯群岛问题。

1996年，阿根廷反对英国关于在马尔维纳斯群岛周围200海里海域禁止别国渔船捕鱼的行为，并再次重申了阿根廷对马岛的主权。

1998年，第28届美洲国家组织大会通过一项声明，阐述了支持阿根廷政府对马岛拥有主权的立场。同年，英阿双方再次重申了各自对马尔维纳斯群岛享有主权的一贯立场，但双方同时表示将继续遵循积极合作和互利的原则，共同努力解决涉及马岛争端的所有问题。

2007年，阿根廷总统克里斯蒂娜强调，阿新政府将坚决维护国家主权和领土完整，阿根廷拥有马岛不容置疑的主权，阿政府在马岛主权问题上不会让步。

2008年，阿根廷政府发表声明，强烈抗议英国当局单方面修改马尔维纳斯群岛的相关法律。

2010年2月，英国政府允许石油公司在马尔维纳斯群岛附近海域勘探和开采石油，引起阿根廷政府的强烈抗议。阿根廷总统克里斯蒂娜表示，阿政府永远不会放弃马尔维纳斯群岛的主权，并将为收回马岛主权不懈战斗。

● 欧洲北海大陆架争端

自从1959年在欧洲北海的荷兰近岸地区发现大型天然气田后，引起相邻各国对北海大陆架油气田勘探开发的重视。1963年至1966年间，北海的5个沿岸国（英国、挪威、丹麦、荷兰、联邦德国）先后公布了本国关于大陆架的法令，并陆续进行了一系列双边划界活动。其中，联邦德国与荷兰、丹麦的大陆架划界拖得最久，这是因为三个国家在如何从陆地边界线向海上延伸问题产生了分歧，以致进入了僵局。1967年，荷兰、丹麦、联邦德国签订协议，将划分大陆架的争端提交国际法院解决。

国际法院于1969年2月20日对此案以11比6的多数票发布判决结果，联邦德国胜诉。因此，1971年，联邦德国、丹麦、荷兰三边议定书和联邦德国与丹麦，联邦德国与荷兰双边条约分别签订，联邦德国大陆架面积由严格按中间线划分所确定的大约23700平方千米，增加到大约35000平方千米，其中7000平方千米由原丹麦的部分划入，5000平方千米由原来荷兰部分划入，其西界延至与英国大陆架相连接，长约30千米；与丹麦间的新界线则有一段向南弯曲，给丹麦留下一个丹麦特许权合同持有人业已发现油田的区域。至此，北海大陆架划界争端得到了"解决"。

● 北极争端

北极地区是指以北极点为中心的北极圈（北纬66°33′）以内的广阔地区，包括极区北冰洋、边缘陆地及岛屿、北极苔原带和泰加林带，总面积为 2100 万平方千米，其中陆地近 800 万平方千米。北极地区有居民约 700 多万。北极的特点是：深厚的冰原、漂浮的冰山、刺骨的寒风和连续几个月的极昼、极夜状况。

随着全球气候持续变暖，破冰技术及卫星技术的出现，前往北极的难度正在逐渐减小，人类开发北极的可操作性渐渐增强，北极归属争夺日趋激烈。虽然就目前而言人们仍难以发掘北冰洋中隐藏的财富，但随着能源需求的不断攀升以及供给量的持续下降，开发北极地区的能源仅仅是时间的问题而已。

2007 年 8 月 2 日，俄罗斯科考队从北极点下潜到北冰洋洋底，并在那里插上了一面钛合金制造的俄罗斯国旗。随后，美国派出科考队前往北极地区，加拿大也宣布将在北极地区建立军事基地，并在北极区域进行了声势浩大的军事演习。丹麦科考队也启程向寒冷的北极前进。美国、俄罗斯、丹麦和加拿大等国对北极地区的争夺，引起了国际社会的广泛关注。

堪忧的海洋环境

● 陆源污染：海洋是个脏水池

美丽而又辽阔富饶的海洋，是我们人类以及地球上所有生命共同的母亲。地球上最原始的生命便是起源于海洋。特别是从我们人类社会诞生以来，在千百万年的岁月之中，海洋为我们慷慨无私地奉献了巨大的宝藏：种类繁多的海洋生物，为我们提供了丰盛可口的食物和治愈疾病的良药；此起彼伏的浪潮，为我们提供了强大而又廉价的不竭动力；辽阔无垠的海面，更是世界各国人民友好往来、交通贸易的重要通道。可以说，海洋所给予我们的一切是无法估量的，她是我们全人类共同的伟大母亲。可是，随着现代工业化的不断发展，海洋却遭到了日趋严重的破坏。人类在无休止的索取和掠夺海洋资源的同时，对海洋环境的破坏愈演愈烈，大肆倾废、不计后果，将一只只罪恶的黑手伸向了我们赖以生存的海洋，使得原本蔚蓝美丽的海洋的许多海域生病了：从陆地上源源不断的污染物倾倒进了海洋，使大量海域中油污在不断扩散，重金属的累积成了灾难，放射性废物有增无减，毒害物质四处蔓延，危及人类的"公害病"层出不穷，原本碧波万顷、壮丽富饶的海洋环境遭到严重污染和破坏。

有人做过统计，世界上每分钟就有3万立方米的泥沙、矿物质等从陆地被搬运到海洋中来，比如我国的黄河平均每年搬运入海的泥沙就达10亿吨之巨。然而，近些年来，人类在从海洋索取食物和工业原料的同时，还在过度利用海洋来廉价地处理废物，尤其是近几十年来，人类向海洋倾倒的各种工业垃圾、生活垃圾的数量和品种都在成倍增长。

虽然各种废弃物进入海洋后，在海水的物理、化学、生物学等因素的综合作用下，一部分可以逐渐被分解，这也就是海水的自净能力，但是海水的自净能力并不是无限的。人们为了经济利益而利欲熏心，不顾限制地向海水中倾倒废物，沿海地区排放的大量工业和生活污水将大量污染物携带入海，便会给近岸海域，尤其是排污口邻近海域的环境造成巨大污染，污染海域逐渐扩大，极大破坏了美好的海洋环境，造成海洋环境灾害。

我国的渤海湾地区，是海洋环境污染灾害十分明显的地区之一。渤海是我国的内海，环渤海地区是我国北方经济的中心，工业尤其是重工业发达，工厂企业大量向海中排泄工业废物，再加上由于渤海本身的半封闭式海洋环境，不利于水体与大洋的交换，便造成了污染物的大量沉积。仅仅几十年间，渤海中尤其是近海海域中，昔日鱼虾成群、海风爽面的情景已经不在，取而代之的，是一片片污浊的色彩，海底重金属的含量已经超过了国家标准的2000倍！从这些数字我们可以看出海洋排放所造成的污染已经达到了何等严重的程度。

在我国的南海地区，海洋污染同样也已经十分严重，遭受污染的海域不断快速增加，海洋生态监控区全部处于不健康或者亚健康的状态，以至于专家建议沿海居民尽量少吃贝类海鲜，以免受到其体内超标污染物的毒害。南海海域自然环境的恶化，究其原因，最主要的便是沿海地区大力发展工商业，使得大量污水直接入海或沿着河流入海。长此以往，南海也将不再是一片蔚蓝。

从世界范围来看，沿海发达国家、地区近海排放所造成的海洋环境问题普遍十分严重，最为突出的是波罗的海、地中海、亚速海、濑户内海、东京湾、墨西哥湾等海域。在这些地区，海洋生物大量减少，有些生物种类已经濒于绝迹，甚至已经成为了没有生命的死海。

日本作为一个群岛国家，海岸线曲折，多海湾和良港，但这一地形也造成了近海水体与大洋水体交换不良，容易形成污染。特别是由于日本工业的迅速发展，使得大量化学毒物、工业废水排放入海，每年排放入海的废物达100多亿吨，这也就使日本的近海海域遭受了十分严重的污染，甚至有些地区的海水呈现出了赤褐色、黑色等恐怖的颜色。日本的近海捕捞、渔业资源都遭受了极大的破坏，一些有油臭味的鱼、绿色的牡蛎、有烂斑的海带大量出现，"赤潮"频繁发生，还爆发了"水俣病""骨痛病"等震惊世界的事件，使日本成为了世界上遭受海洋污染最严重的国家之一。现在日本经过大力治理，海洋污染状况有所改善。

在北美洲的墨西哥湾沿岸，有着富饶的生物资源和矿物资源，但是由于石油、硫、磷酸盐的开采规模日益扩大，还有随之而来的工业飞速发展、人口大量集中，对这一地区的海洋环境也造成了极大地破坏。破坏的原因不仅仅在于沿岸工业废水的大量排放，注入墨西哥湾的最大河流——密西西比河也成为了农药、化肥等农业废物的排泄通道，对墨西哥湾造成了十分严重的污染。即使墨西哥湾比较广阔，水体可以充分交换，环境问题依然日趋严峻。现在墨西哥湾沿岸的生物物种已经大量减少，多种生物已经绝迹，而且还由于大量农业废水的入侵，使得墨西哥湾的海洋鱼产农药残余量很高，对人类的健康构成极大的威胁。

而在欧、亚、非三大洲之间的地中海，由于只有一条狭窄的水道与大西洋相连，水体与大西洋的交换十分缓慢，加上沿岸十多个国家的工业废水和沿海城市污水的侵害，使地中海污染十分严重。特别是在地中海的东部沿岸，这里集中了较多的油井和油田，大量废油随着炼油厂的废水排入地中海，使得这里的海洋生物捕获量已经显著减少，焦油块、悬浮物质和海底沉积物大量增加，严重破坏了经济鱼类的生产。

近海排放造成的海洋环境污染问题触目惊心，斩断这只伸向海洋的黑手刻不容缓。

● 固体污染：海洋是个垃圾坑

在沿海地带，经常会出现这样的情景，海鸟发现海浪中裹挟着许多"小鱼"，便飞快的猛扑过去，吞食下去才发现，它们所啄食的并不是可口美味的鱼虾，而是致命的固体垃圾。这些垃圾堵塞了海鸟的肠道，致使海鸟在饥饿中死亡。

在美国夏威夷群岛上的珍珠港，那里环境优美，景色秀丽，生长着茂密多姿、奇美多娇的珊瑚，这些珊瑚也是许多海洋生物的栖息地。当这里建起了工厂之后，大量的工业残渣和其他固体颗粒沉入海底，覆盖在珊瑚的表面，同时，这些固体废物也提高了海水的浑浊程度，减弱了阳光的辐射。就这样，一些海洋生物遭遇了大量死亡的命运。

以上仅仅是表现海上垃圾对海洋环境所造成的破坏的两个情景。事实上，海上垃圾对海洋环境的影响远远不止这些。

所谓海上垃圾，就是由于人类活动所产生的种种固体废物，例如工业生产和矿山开采过程中所生成的种类繁多的固体废物、农作物的秸秆和家畜的粪便、城市垃圾以及船舶投放的固体废物。据世界环保组织的一项调查发现，包括各种商船、油轮以及海军舰船在内的船只，每天向海中抛弃的塑料容器多达45万个，每年向海中抛弃的各种塑料制品重达2.5万多吨，被渔船抛弃的塑料渔具也达15吨之多，其他固体垃圾的数量更是无法统计。这么多的垃圾经常而大量的侵蚀着海洋环境，其绝大部分又集中于近岸海域，这就不仅污染了海洋，威胁着海洋生物的生存，而且还会危及人类本身，因为海洋本就是我们共有的家园。

广阔的浅水海域是鱼虾、贝类繁殖生长的"故乡"，也是大多数鱼类的产卵场所。但是，当大量固体废弃物入侵之后，改变和破坏了它们原有的生活环境，迫使海洋生物"背井离乡"地逃往他方。而且海域里悬浮的固体垃圾会减弱光照，从而妨碍海洋绿色植物的光合作用。所以，当固体垃圾充斥海域时，常常会引起海洋鱼类的种类及产量剧降，甚至一些海洋生物种群还会惨遭灭绝。

另外，海上固体垃圾还会严重影响捕捞作业。渔民们的辛勤劳动，换来的可能只是一网网的碎木片、塑料制品、空瓶、空罐、破布、废旧轮胎等乱七八糟的东西。不仅如此，废弃在海洋里的废钢烂铁、破旧汽车还容易撕破渔网，给海洋捕捞业带来不应有的损失。海上固体垃圾还会给海上航运、海洋科学调查、海上采集工作设置障碍、带来不便、增添困难。

另外还要值得注意的是，海面上大量的固体垃圾还会直接造成海洋环境视觉上丧失美感。滨海地区历来是人们的避暑胜地和旅游度假场所，但是，目前世界上已经有许多曾经的海滨休养地，因垃圾的严重污染而不得不废弃。比如日本的"青松白河"原来是一个闻名于世的滨海浴场，现在却只能成为一个令人望而生厌的"废物坑"了。在冲绳岛、艾因苏卡、古赛尔、阿莱姆港等地，拥有世界上少有的珊瑚生态系统，但由于不断的兴建旅馆和度假村，致使海岸周围游客迅速增加，大量固体污染物入海，给海洋生态平衡带来了破坏，极大的限制了景区的可持续发展，驰名遐迩的旅游胜地，已很难恢复到最初的美好。

我们都知道地球有七大洲，但大家可能会觉得惊讶的是，七大洲之外，还有一个"第八洲"！——那就是太平洋的美国加州和夏威夷之间漂浮着的"垃圾漩涡"，足足有6个英国面积的大小，估计有一亿吨垃圾，而且还在逐渐增加！这个"第八洲"环境恶劣，臭气熏天。更加严重的是，垃圾所形成的有毒物质被鱼类吸收，不但会导致大量海洋生物的死亡，更会严重威胁人类的健康。

垃圾的泛滥已经成为现代社会特别是沿海地区亟待解决的重要问题。当垃圾逐渐淹没海洋，淹没海洋生物赖以生存的家园之时，同样也是淹没我们人类所生活的家园之日。

● 水俣病：汞污染的悲剧

尽管悲剧已经过去半个多世纪，人们却依然记忆犹新——1950年日本的一个叫"水俣镇"的小镇，曾经发生过一起海洋环境污染的典型事件——"水俣事件"。水俣镇是坐落在日本九州岛南部熊本县境内的滨海小镇，依山傍水、风景秀丽，毗邻水俣镇的水俣湾，渔业资源非常丰富，镇上的大多居民世代以捕鱼为生，海产品是当地人日常食物的主要来源。

1950年，人们发现水俣镇当地的一些猫患病了，它们步态不稳，抽筋麻痹，最后跳入水中，"自杀"而死。但是这并未引起人们的注意。时过不久，当地的居民也出现了一种怪病，开始时只是口齿不清，步态不稳，进而耳聋眼瞎，全身麻木，精神失常，最后，全身弯弓高叫而死，病状惨不忍睹，当时的人们尚不知道它的病因，所以称之为"水俣病"。

随着"水俣病人"的日益增多，至1956年，患者已增加至100多人，还出现了许多伴有神经症状的先天性痴呆儿，这才引起了人们的重视，由熊本大学医学院开始着手调查研究，从"自杀"的猫开始调查，从食物途径进行分析，最终得出水俣病患者的得病根源便是海里的鱼、贝等海产品。科学家在患者和鱼的体内都发现了一种剧毒的化学物质——甲基汞，某些患者体内的汞含量甚至为正常人的99倍。在水俣湾的底泥中，甲基汞的含量也相当高。那么，这么多剧毒的甲基汞又是从何而来的呢？

经过调查发现，在水俣镇有一个合成醋酸厂。这家工厂在生产过程中采用含汞的催化剂，把大量含汞的污水、废渣排入水俣湾，污染了海洋环境，毒害了鱼、贝类，经过食物链的层层富集，鱼类体内的有毒物质含量已经比低等生物高出了数百倍乃至上千倍，当水俣湾的居民食用了这些含汞的海产品，便会中毒致病，甚至身亡。

继水俣镇之后，日本的新泻县和有明町也先后两次出现了这样的"水俣病"，受害人数达到了两万余人。这都是海洋汞污染所造成的严重恶果。

汞这种物质为什么造成这么大的危害？汞俗称水银，是在常温下的唯一液态金属，也是一种剧毒物质。当含汞的废水进入海洋后，在某些微生物的作用下，很容易就可以转化为对生物更为致命的甲基汞。甲基汞的毒性非常大，而且易溶于脂肪，也就更容易渗入人体，从而对人的健康造成极大的破坏。在汞污染的海区内，由于污泥中往往会含有大量的微生物，当污泥越多，甲基汞的含量也就越多，该区的海洋生物也便越容易受到毒害。

目前，含汞工业废水的排放是造成海洋汞污染的一个最直接、最重要的因素。全世界汞产量的90%都用于工业。在生产过程中所损耗的大量的汞，绝大部分往往会以废水的形式排放，在河流、湖泊、海洋中逐渐沉积。此外，汞制剂农药的流失、含汞废气的沉降以及含汞矿渣和矿浆的废弃，也将大量的汞带入了海中。这样一来，每年人类在生产活动中都会给海洋带来数量巨大的汞污染。

水俣病引发了人们对于汞污染的关注，一些国家对于鱼、贝类等海产品的允许含汞量都做了明确规定，如日本、瑞典规定的允许含汞标准为1毫克/千克，美国、加拿大为0.5毫克/千克。如果海产品的含汞量超出这些标准，就禁止出售，同时禁止在鱼类含汞量超标的海区捕鱼。

然而，仅仅设立这样一些标准是远远不够的，最关键的是人类不能产生工业废水，更不能任意排放，不能让含有汞等剧毒物质的废水直接或间接地流入海洋。不要让这样历史的悲剧重演。

● 骨痛病：重金属污染的报复

在日本中部地区富饶的富山平原上，流淌着一条名叫"神通川"的河流，注入富山湾，不仅是居住在河流两岸的人们世世代代饮用水源，也灌溉着两岸肥沃的土地，使之成为日本主要的粮食基地。然而，谁也不会想到，这条命脉水源，也曾经成为"夺命"水源。

那时20世纪中期的时候。自20世纪初期开始，人们就发现该地区的水稻普遍生长不良，到了1931年，这里又出现了一种怪病，患者大多是妇女，病症表现为腰、手、脚等关节疼痛。病症持续几年后，患者全身各部位会发生神经痛、骨痛现象，行动困难，甚至呼吸都会带来难以忍受的痛苦。到了患病后期，患者骨骼软化、萎缩，四肢弯曲，脊柱变形，骨质松脆，就连咳嗽都能引起骨折。患者不能进食，疼痛无比，常常大叫，有的人因无法忍受痛苦而自杀。这种病也由此而得名为"骨癌病"或"骨痛病"（Itai—Itai Disease）。

这种病的病因，人们长期没能发现，有人认为是软骨病等营养疾病，给患者口服维生素D，结果病情不见好转。从1931—1972年，共有280多名患者，死亡34人，潜在的患者达上千人，震惊日本。

后来，日本医学界从事综合临床、病理、流行病学、动物实验和分析化学的人员经过长期研究，推测神通川的水质可能与发病有关。果然，调查发现，神通川上游的神冈矿山，有大量矿山废料排入川内，污染了河水。1959年，水资源和农业方面的专家参与了调查，最终得出了结论，矿山废水中所含的镉就是致病的原因，而此时日本社会正在普遍谈论水俣病的危害，这个时候骨痛病作为工业废水引起的又一种公害病，也就成为了人们关注的焦点。

骨痛病是镉污染使人致死的一个典型病例，那么镉究竟是一种什么物质，又是怎么危害到人类的呢？原来，镉是一种重金属，可以通过大气或水体的污染，经由呼吸和饮食两条途径进入人体，导致镉中毒事件的发生。位于神通川边的炼锌厂，长年累月排放含镉的"三废"，尤其是将未经净化处理的含镉废水直接倾入神通川中，自然，用这种含镉的水浇灌农田，稻秧便会生长不良，生产出来的稻米也就成为了"镉米"。生活在神通川两岸和入海口的人们长期食用含镉大米、海产品，饮用含镉河水，呼吸含镉空气，经过长年累月的积累，当地居民体内镉的含量逐渐累积，终于爆发了闻名于世的骨痛病。于是，这才引起了全世界对海洋镉污染以及其他重金属污染的重视。

含镉工业废水的排放、工业废气的沉降、矿渣和矿浆的废弃都是造成海洋镉污染的重要来源。镉进入海洋之后，一部分溶于海水中，其余部分则呈悬浮状，或者沉入海底，各种状态的镉都可以被海洋生物所富集，人们如果食用了被镉污染的海产品，也就存在着被镉毒害的可能性，比如骨痛病就是食用含镉的水、食物和海产品造成的。

镉污染在世界范围内十分普遍。美国的加利福尼亚沿岸海区，日本的东京湾，海水的含镉量都曾相当高，生活在这一海洋环境中的虾虎，体内镉含量是海水含镉量的10—30倍；鱿鱼体内的含镉量更高；而处于食物链最高环节的海獭，含镉量竟高达每公斤体重500毫克。

镉污染先是污染海域，进而毒害海产品，最终毒害人类。目前还没有一种合适的药物可以有效地将镉毒排出体外。人们如果长期食用被镉严重污染的海产品及其他食物，镉便会在人的肾脏和骨骼中积蓄起来，当浓度达到一定量时，就会引起肾功能失调，并发展为可怕的骨痛病。除了镉之外，对于海洋生物来说，铜、锌等金属也都具有十分严重的毒性。

海洋大自然已经为我们敲响了警钟，我们需要时刻警钟长鸣。

● 有机氯农药酿成的惨剧

真是难以想象！

谁都知道，鸟儿都是两条腿的，可在美国长岛海峡中的大鸥岛上，却有许多四条腿的燕鸥！它们或者有十字形的嘴、特异的小眼，或者没有尾羽和羽毛，或者失去了第一和第二飞翔羽毛，看起来就像是海鸟中的怪物。

1967年，北爱尔兰有大量的死海鸟被海浪冲向海岸，估计共有129个种类的10万只海鸟死亡，其中大部分是海鸥。

近年来，还有海洋动物集体自杀的事件频频发生，特别是近20年来，尽管鲸鱼的数量已经比100年前大约减少了95%，可是鲸鱼集体自杀的次数却越来越频繁，规模也越来越大。1980年，有58头巨头鲸拼命冲上澳大利亚特雷切里海滩，人们想把它们拉回海中也无济于事，鲸鱼依然固执地冲上沙滩，在干涸的沙滩上艰难地挣扎，哀吼声不绝，最终死亡，悲惨的场面令人不忍目视。类似的现象在世界上其他地区也都出现过，往往都是几十上百的鲸鱼或者其他生物成群结队集体自杀，这一直都是生物学界的难解之谜。

那么，这样的惨剧，其原因究竟是什么呢？科学家曾经对此百思不得其解。后来经过不断地调查分析，在这些畸形的海鸟体内，检测出了高浓度的多氯联苯。多氯联苯干扰了海鸟的胚胎发育，这是造成异现象的原因所在。1988年，美国科学家在对集体自杀的鲸鱼进行解剖后发现，这些鲸鱼的胃液及胃中残留下来的磷虾中，均含有一定量的有机氯农药和多氯联苯，并且其中不少鲸鱼患有各种疾病。他们由此认为，近年来频繁发生的海洋动物大规模集体自杀现象，与海洋有机氯农药和多氯联苯污染有着密切关系。由于食物受到了污染，鲸鱼患上了各种以前从未有过的疾病，使自身痛苦不堪，从而促使他们走上了集体自杀的道路。

有毒的化学物质，为什么会对上至飞翔在天空的海鸟，下至游弋在海底的鲸鱼都造成如此巨大的影响呢？原来，海洋环境是一个联通的整体，大量有害物质进入海洋之后，既可以被生物所"食用"，在其体内富集，又可以经海洋生物食物链的传递，由低等海洋动植物向高等海洋动植物转移，并在食物链的各个"链条"体内富集，最后可以达到很高的浓度。在海洋环境中，有机氯化物大多是不易分解的长效药物，海洋生物对这类物质具有极高的富集能力，浓缩系数可以达到几千乃至数百万倍。鲸鱼等各种海兽和海鸟、鱼类，在海洋生物中处于食物链的高层环节，经食物链传递的有机氯污染物，最终积蓄到它们体内，使它们深受其害。

海洋中氯化碳氢化合物的存在，往往还会改变鱼类的洄游路线，或者由于污染引起的饵料生物的减少，均可影响鱼类的生长及产卵量的下降，严重的污染甚至会造成鱼、贝类的大规模死亡，这样的事故屡见不鲜。比如美国加利福尼亚沿岸是盛产大对虾的地方，但由于该海域遭受多氯联苯的污染，使大对虾往往在短暂的时间内大量死亡。当几种不同的有毒化学物质同时存在时，它们的毒性还可以因为相互配合而增高。现在，有机氯农药和多氯联苯污染已经遍布了世界各大洋。

多氯联苯以及其他有机氯农药对于环境的污染是全球性的，无论在海洋、空气还是在土壤中，都不同程度的存在。而这样的污染，最终会将殃及我们人类自身。由于长期大量进食含有高浓度多氯联苯的鱼类，引起人体中毒的事件已经时有发生，特别是在吃鱼量是一般人十倍的渔民身上，更是发生过很多病例。还是在日本，1968年，曾经发生过一起轰动一时的"米糠油事件"，就是因为多氯联苯混入了米糠油中，造成了5000多人中毒，16人死亡，实际受害者达10000多人的人间惨剧。

目前，国际上对多氯联苯以及其他有机氯农药给人类的威胁已经有了十分清醒的认识，已有许多国家明令限制或禁止使用有机氯农药，以尽量减少类似这样悲剧的发生。

● 赤潮：红色的海洋杀手

风光明媚的滨海良港，碧波荡漾的海湾渔场，当这一片美丽的蔚蓝在一夜之间被红色的海潮所取代，当人们在沿岸观察这如同海面上铺了一层红毡了一样的景象时，可能并不知道，在这一片红色下面，对于海洋生物而言，正孕育着一场可怕的灭顶之灾。也许就在不久之后，海风便会吹来一阵阵令人作呕的腥臭味，大片大片的死鱼将漂浮在海面上，渔民们将一无所获，养殖的水产也将被一扫而空。如此可怕的海洋杀手，究竟是什么呢？答案就是——赤潮！

赤潮被喻为"红色幽灵"，国际上也称其为"有害藻华"。赤潮又称红潮，是海洋生态系统中的一种异常现象，是在特定的环境条件下，海水中某些浮游植物、原生动物或细菌爆发性增殖或高度聚集而引起水体变色的一种有害生态现象。它并不一定都是红色，根据赤潮发生的原因、种类和数量的不同，水体会呈现出不同的颜色。

赤潮发生的时候，海中的某些浮游生物会急剧而大量的繁殖起来，并覆盖在海面上，给海洋表面披上了"红装"或"绿服"。这将导致海水的pH值升高，黏稠度增加，致使一些海洋生物不能正常生长、发育、繁殖，破坏了原有的生态平衡。此外，"赤潮"还会引起水中缺氧，当浮游生物大量繁殖覆盖整个海面后，必然要消耗掉海水中大量的溶解氧，使海水呈缺氧甚至无氧状态，而且由于海水脱氧而产生的硫化氢和甲烷对海洋生物也有致命的毒效，这就造成了鱼、虾、贝类大量死亡，给海洋捕捞和养殖业带来难以挽回的损失。

另外，赤潮对人类的健康也有着十分严重的危害，有些赤潮生物会分泌出毒素，当鱼、贝类等处于有毒赤潮区域内，没有被毒死时，毒素便会在体内积累。当这些鱼虾、贝类被人食用，就会引起人体中毒，严重时甚至可以导致死亡。由赤潮引发的毒素统称贝毒，目前确定有10余种贝毒的毒素比眼镜蛇毒素还要高80倍，比一般的麻醉剂，如普鲁卡因、可卡因还强10万多倍。

那么，如此可怕的赤潮，究竟是如何产生的呢？赤潮产生的相关因素很多，其中一个极其重要的因素就是海洋污染。城市污水的排放，农田里化肥的流失和饲养场倾注的废水都会给海水带来大量的植物营养素——主要是氮、磷和碳等营养盐。适量的营养盐可以增加海洋的肥沃度，给海洋水产业的繁荣创造有利的条件，但是，如果植物营养素过多，大量含有各种有机物的废污水排入海水中，就会促使海水"富营养化"，这是赤潮藻类能够大量繁殖的重要物质基础。

随着现代化工农业生产的迅猛发展，沿海地区人口的增多，大量工农业废水和生活污水排入海洋，其中有相当一部分未经处理就直接排放，从而导致了近海、港湾富营养化程度的日趋严重。同时，由于沿海开发程度的增高和海水养殖业的扩大，也带来了海洋生态环境和养殖业自身污染的问题；海运业的发展也导致了外来有害赤潮种类的引入，全球气候的变暖也导致了赤潮的频繁发生。

赤潮的出现以20世纪六七十年代日本和美国的海域为最早。当时的日本由于经济高度发展，大量含有营养盐、有机物、化学污染物质的工业废水和生活污水排放入海，致使日本东京湾、伊势湾和濑户内海都成为了赤潮的"重灾区"。目前，世界上已有30多个国家和地区不同程度地遭受过赤潮的危害，除北冰洋和南极洲附近海域，其他各大洲的沿海区域都发生过赤潮，次数也在逐年增多，出现的季节、延续的时间、影响的范围都有扩展的趋势，危害正在加重。就在2010年，作为我国旅游胜地的海南岛附近海域，由于地处热带，城市生活排污、工厂各种污染造成的海洋环境恶化，导致大量的赤潮危害。从海南的文昌龙楼至七洲列岛中间海面，短短十几海里就出现几十处赤潮，令过往游客无比心痛，呼唤着工业化何时能够还给我们一片美丽的海。美丽不是要向大自然索取的，而是要靠我们人类去自己营造的。

近十几年来，由于海洋污染的日益加剧，我国的赤潮灾害也有加重的趋势，由分散的少数海域，发展到了成片海域，一些重要的养殖基地受害尤重。我国1970年以前仅发生了4起大规模的赤潮，1980年以来，赤潮发生次数明显增多，已达数百起，而且时间长、范围广、危害重。赤潮的频繁发生，是大自然向我们发出的警告，我们需要采取有效措施，减少海域污染，尊重自然规律，进行有效的防控和综合治理，这样才能使海洋环境状况得到改善。

● 狂捕滥捞的恶果

长久以来，人们一直认为海洋是一个无穷无尽的巨大宝库，大海里的各种资源如同聚宝盆一样取之不尽、用之不竭。特别是对于海洋生物资源的利用，在科技发达的今天，海洋捕捞已经发展到了机械化、电子化、信息化的时代，现代渔民可以准确测定水下几十米的鱼群方位，声纳导航系统能帮助渔船到达特定海域进行捕捞，人们对鱼类的洄游规律和路线了如指掌，捕捞能力空前提高，于是，海洋鱼类逐渐被人类狂捕滥捞得越来越少；捕捞得越少，人们就越狂捕滥捞，包括将鱼类的儿子、孙子等小小的个体都捕捞上来，以满足人们对赚钱的需求。严酷的现实告诉我们，现在的海洋生物资源也已经面临着严峻的危机。

1927年，人们发现在夏威夷群岛西北部的贝荷礁堡上，有一种经济价值很高的海洋生物——黑唇珍珠贝母，于是人们便开始大量捕捞，丝毫不计后果，原本这里有超过100吨的黑唇珍珠贝母，结果到了2000年，经过精密的统计研究之后，人们发现这里现在只有区区六只黑唇珍珠贝母了，由此我们可以看出这种毁灭性的破坏，后果多么严重。

在我国江苏省的吕四渔场，这里是小黄鱼的产卵场。50多年以前，每年仅有700多艘渔船在这里作业，汛期市场上总是堆满黄灿灿的鲜鱼。后来，来这里捕捞作业的渔船逐年增加，捕鱼的队伍也从江苏本省扩展到了沿海各省，小小的吕四渔场被围得水泄不通，张张大网铺天盖地地洒下，不少渔船还一再增加网具的密度，吕四渔场的小黄鱼资源遭到了十分严重的破坏。

以上所介绍的仅仅是这样一种趋势的两个例子。问题的严重性在于，长期以来，我们不仅对有限的海洋渔业资源不能合理的开发和保护，反而一味地索取与掠夺，不懂得珍惜与养护，无限制、无计划地狂捕滥捞。特别是随着渔业捕捞手段的高科技化不断发展，渔船的网眼也越来越小，过渡捕捞已经严重的影响到了海洋生物的生存和发展。在50年之前的时候，我国近海渔场中鱼虾成群，按传统的捕捞方法就可以满载而归，可是如今几个主要的对虾产区资源匮乏，几乎到了无虾可捕的境地，这正是人们过度捕捞造成的恶果。

在世界范围内，一个非常典型的狂捕滥捞的例子就是鲸鱼的血泪历史。鲸鱼对于贪婪的人类来说，全身是"宝"——鲸油是近代油脂、化学工业的重要原料；由鲸头部提取的油，则是精密仪器、运载火箭、宇宙飞船的高级润滑剂；鲸肉更是肉中佳品，日本人吃鲸，简直成了日本的一大"特色"；鲸皮质地柔软，品质上乘……正是因为鲸鱼浑身是"宝"，尽管它是海洋中最巨大的动物，也摆脱不了被利欲熏心的人们狂捕滥杀的悲惨命运。

自从挪威人发明了捕鲸炮之后，人类的捕鲸活动和捕鲸队伍就在不断地发展壮大。在这支队伍中，日本"当仁不让"地扮演了非常重要的角色。在日本，鲸鱼主要是作为一种食物而存在。日本在穷兵黩武对外侵略的第二次世界大战之际，是其国内困难时期，鲸鱼肉大大缓解了日本的粮食危机，并为贫瘠的日本百姓提供了宝贵的蛋白质。到了1962年，当商业性的大肆捕鲸风浪席卷全球时候，世界各国的捕鲸船纷纷出海，争先恐后地捕猎，仅这一年中，就有6万多头鲸鱼成为了人们的盘中美食，此时的日本更是不甘落后，趁机大发横财。

正是在这样的残酷捕杀下，许多鲸鱼尚在孩童期就被残忍捕杀，鲸鱼的总数急剧下降，蓝鲸、长须鲸、抹香鲸等濒临灭绝，鲸鱼原本枝繁叶茂的庞大家族，如今已经仅剩下8个种类，几近枯竭。当世界上的人们认识到了大肆捕鲸的严重后果之后，1986年国际法规《禁止捕鲸公约》颁布施行，世界各国宣布放弃商业捕鲸，包括日本。但日本从1987年开始打着"科学研究"的旗号，绕过国际公约，照旧大规模捕鲸，甚至商业捕杀一些稀有鲸种，遭到国际上很多国家的强烈谴责，也受到了各国绿色组织的广泛抗议。

如果人们还是这样利欲熏心的一意孤行下去，未来我们的海洋里还有鱼吗？还有生命吗？难道只有当生机盎然的蔚蓝色大海变成一片深黑色的死寂，人类才能够为自己的过去而悔恨吗？

● 海水养殖污染：自掘坟墓

由于海洋污染破坏对海洋生物造成的极大伤害，海洋捕捞已经不能满足人们对海鲜海产的庞大食欲需求，所以人们就通过"科技专家"的"科技发明"，在海上大量进行水产养殖。然而，就是这种貌似无毒无害的活动，也因为人类自身行为的不当，实际上造成了十分严重的环境问题。这主要表现在以下三个方面：

首先是养殖活动的自身污染。饲料是养殖的主要营养来源，但仅有部分被消化吸收，未摄食部分和生物的排泄物便会沉积到底层，这样就在海水底部形成了有机物富集，有可能产生一些有毒的物质，妨碍海洋生物的生长和健康。不仅如此，在有机物大量富集的情况下，甚至还可以引发赤潮。

其次，在水产养殖的过程中，还使用大量的化学药品来进行杀菌消毒，如各种化学消毒剂、抗菌素、激素、疫苗等。比如英国水产养殖中使用的化学药物有23种，挪威在养殖业中使用的抗生素比在农业中使用的还多。当大量化学药品直接或者间接投入海洋后，便会对近岸水域的生态分布产生直接的影响，特别是一些残留期长的广谱性抗菌素的过量使用，对近岸微生物生态和环境的影响更大。并且，这些药物还会通过食物链富集到鱼类等水产品中，最终将危害人类自身。

最后，也是影响最为深远的一点，就是生物污染。由于引种或移植具有方法简便、成本低和见效快等特点，所以在利益的驱使下，经常会发生人为盲目引进或移植新的物种，这就非常有可能造成生物污染。比如在欧洲的地中海和亚得里亚海，一种太平洋海藻覆盖了3000公顷的海底面积。生物污染的另一表现则是基因污染，由于养殖群体和野生种群的交叉配种，发生基因交换，一方面可能导致某些有害基因的扩散，另一方面还会减少物种的多样性，使自然的生物基因库遭受损失。

在我国南海沿岸的广西北海市附近海域，海洋生物污染已经成为了一个非常严重的问题，特别是海水养殖中所投放的饵料、药物等，都是养殖区及附近浅海水域的主要污染源，造成了海水的富营养化，为赤潮生物提供了适宜的生态环境，使其繁殖加快，导致赤潮的发生，同时还对生态系统、生态平衡、生物多样性造成严重破坏。

这样的海水养殖实际上是并不科学的"科学养殖"，一心为了赚钱的"科学养殖"，其更为严重的后果是，这样的"养殖货"的毒害性已经被越来越多的人所认识，人们已经开始拒绝吃、不敢吃这种"养殖货"了，黑了心的"养殖科学家"和"养殖专业户"白白忙乎，不但赚不了多少钱，而且经常赔本，实际上这也是海水养殖产业的自掘坟墓。

● 海洋热污染的危害

海水也会变热吗？会的。20世纪60年代的美国佛罗里达半岛的土耳其角，曾经有一个火力发电厂，每分钟就有2000多立方米的冷却水排入比斯坎湾，使这个水深只有1—2米的半封闭海湾的水温常年稳定地上升，部分海域的水温比其他海域的水温高出4—5摄氏度，整个高水温海域的范围超过900万公顷。

这就是海洋热污染现象。所谓海洋热污染，就是指工业废水的温度对海洋的有害影响。其污染来源首先是电力工业的冷却水，其次是冶金、石油、造纸和机械工业所排放的热废水，其中以核电站的危害最大。一座十万千瓦的火电站每秒钟只产生7吨的热废水，但一座核电站每秒钟却能排放80吨的热废水，可使周围海域的水温升高3—8摄氏度。

那么，海洋热污染造成海水温度的上升，会造成什么样的危害呢？首当其冲的就是各种海洋生物。我们都知道，由于历史的或遗传方面的缘故，许多海洋生物往往只适合于生活在一个特定的水温范围内，水温的异常变化，会影响海洋生物的种类组成，并且还会导致生物个体数量的锐减。如果海水的水温升高了4摄氏度，那么，这片海域几乎所有的生物都将绝迹，常见的绿藻、红藻和褐藻都将消失不见，而高温种类的蓝绿藻却可以得到大量的繁殖。即使在水温上升3摄氏度的水域里，海洋生物的种类数和个体数也都会有所下降。现在世界范围内的学者已经达成共识，随着全世界发电量的迅速增长，热污染可能是将来影响最大的海洋污染类型之一。

那么，海洋热污染究竟是怎样对海洋生物造成灭顶之灾的呢？

首先，海洋热污染会导致水中缺氧，当海水温度升高的时候，海水中的溶解氧也会随之减少，同时，热废水本身就是缺氧的水体，大量热废水倾入海洋必然会增加这片水域的缺氧状况。另外，在一定范围内海水温度的上升，会促进海洋植物繁殖力的提高和海域中有机物质分解速度的加快，致使氧的消耗量增大。正是在这两个方面的同时作用下，海洋热污染造成了海水中氧气的匮乏，对海洋生物的生存构成了极大的威胁。

其次，海洋热污染还会妨碍海洋生物的正常生活，干扰它们的正常生长和繁殖。各种不同的海洋生物，都只能在特定的温度范围内生活，如果水温超过了这一温度的上限，便将难以存活。特别是在热带、亚热带海区的封闭或半封闭浅水湾，每逢酷暑季节，水温已然十分之高，如果再在海洋热污染的影响下稍有上升，对于这片海区中的生物来说就是致命之灾。此外，热污染还能促进生物的初期生长速度和使它们过早成熟，这看起来好像还是一个好处，实则不然，这样的话会导致生物体数量的减少并且完全不能繁殖。同时，对于那些能够适应高温的生物种类，水温的升高会大大提高它们与其他物种的竞争力，从而改变原有的生态平衡，造成灾难性的后果。

然后，还有很致命的一点，即当海水温度升高的时候，可以加快海水中的化学反应速度，从而加大海水中许多有害物质的毒性，使海洋平均受污染程度提高。

虽然热污染在世界上大多数海区中，在目前，威胁还不是十分严重，但也正是因为这样，才会常常被人们所忽视。随着全球经济的迅速增长，特别是电力工业尤其是核电站的迅速发展，热污染的危害将日趋严重。一座发电量3兆千瓦的原子能发电站，每秒可排出150立方米比周围海水高10摄氏度的冷却水。如果有10座这样的发电厂，排出的高温水是不容忽视的，对周边海区的影响也将巨大。目前，日本和美国周边海域的热污染比较严重。日本作为一个岛国，多数电厂、钢厂都是沿海布局的，他们的冷却水大部分都排入了海洋，这就造成了日本沿海愈演愈烈的热污染。而美国的大部分工厂、电厂主要是依河而立，这使得河流水域的水温大幅度提高，比如俄亥俄河的河水温度，要比正常水温高出好几摄氏度。

● 石油入侵引发的海洋灾难

石油是大自然对人类的馈赠，人类因为有了石油，才开拓了更为广阔的生存和发展空间。遗憾的是，伴随着石油的大规模开发和利用，油类已经成为海洋环境的大敌。目前，世界上大部分的石油都是经由海上运输的，航行在世界各大洋和近岸海域的各种油轮，因为触礁、碰撞、搁浅、泄漏或失火，将它们所载的石油全部或部分流入海洋，便会造成难以挽回的海洋石油污染事故，给人类尤其是沿岸相关国家造成巨大的损失。而在当人们用投放清洁剂和轰炸、燃烧的方法对付游船失事时，不仅清洁剂往往会比石油的毒性更大，而且石油的燃烧更是会造成对大气的第二次污染。

下面要介绍的，就是一幕幕触目惊心的海上石油污染惨剧。

1967年，美国巨型油轮"托雷·坎荣"号在英吉利海峡触礁，短短十天内，将其所载的11万余吨原油倾入海洋，英国政府动员了42艘船只和1400多人，出动了飞机轰炸并投放10万吨的清洁剂，但都无济于事，致使英国和法国沿岸的300千米海域蒙受污染之害，损失达当时的800万美元之巨。

1970年，一艘名叫"平静的大洋号"的油船带给了世界一场极大的

"不平静"，当这艘油船航行到南非附近海面时，突然失事着火，大量的石油倾泻入海，燃烧着的石油在辽阔的海面上游荡，平静的大洋骤然变成沸腾的火海。

2007年，韩国西海岸发生严重油船事故，石油大量泄漏，造成海域严重石油污染，海滩被石油覆盖，韩国动员了近岸大量人力物力清除石油，至今生态尚未恢复。

2010年，墨西哥湾"深水地平线"石油钻井平台发生了爆炸，沉入海底，这场事故引发了大量的石油泄漏，严重破坏近海生态系统，重创当地渔业。美国政府宣布美国南部的三个州因原油污染遭受了"渔业灾难"，损失无法估计。

那么，如果油船不发生海难事故的话，是不是就不会对海洋造成污染呢？非常遗憾，答案是否定的，因为船舶在航行过程中，所用的压舱水、洗舱水以及船舶在机械运转过程中排放的污水，都会含有一定量的油，还有一些船舶违章排油、无意漏油，特别是违章排油事件为数甚多，虽然数量不大，但经常不断，同样不容忽视。另外，沿海工业，尤其是炼油厂的排废也将大量石油带入了海中，尽管世界上对于石油排废有着十分严格的规定，但是在人类对石油愈加依赖的今天，石油工业的规模不断壮大，废水的量也愈加巨大，每年都会有大量的石油污染，使海洋深受其害。

大家都知道石油主要蕴藏在中东地区，而这一地区也是世界上最为动荡不安的地区之一。20世纪90年代，发生在这里的海湾战争也给海洋环境带了巨大的灾难。在战争中，伊拉克军队炸毁了科威特的一些石油设施，科威特的舒艾拜和阿卜杜拉两地油库燃起熊熊大火，大量原油源源不断流入了波斯湾。另外，伊拉克还采取了被国际社会谴责为"环境恐怖主义"的行为，故意向海湾倾泻原油，总数达1000多万桶，厚厚的原油层压得海浪抬不起头，浑身沾满油污的海鸟在浮油中挣扎，发出阵阵哀鸣。有报道称，需要200年的海水流动，才能使海湾的水完全更换。

近年来，海上油田开发已经成为全世界的一大浪潮，近80多个国家都进行过海底石油勘探，其中20多个国家正在进行海上油、气的生产，但是这也隐藏着巨大的安全隐患。1969年，美国加利福尼亚州圣巴巴拉沿岸的海底油田发生了严重的井喷事件，几天之内涌出了一万多吨原油，并引起了绵延几百千米的海面大火，后来油田虽被迫封闭，但每天仍有2吨原油喷出，致使附近海面覆盖了一层1—2厘米厚的油层。据估计，全世界每年因海底油田的开发和井喷事故的发生而涌入海洋的石油可达100余万吨。

海洋石油污染影响范围广，危害程度大，严重威胁着海洋生物的生存、阻碍了海洋水产业的发展，并危及人类的健康。可以说，每一次石油的入侵海洋，对于海洋和我们人类自身来说，就是一场不折不扣的巨大灾难，因此，预防和治理石油污染是海洋环境保护的重中之重，也是一大难题。

● 杀人不见血的放射性物质

在大海之中，有一个看不见摸不着的冷血杀手，它不像热污染那样令人直接可以感受到海水温度的升高，也不像石油入侵那样铺天盖地如海上地狱，但它对人类的伤害是致命的，这就是"杀人不见血"的放射性物质。

太平洋上有一个著名的小岛——比基尼岛，自然风光旖旎，生物资源丰富，以至于服装设计师们都将著名的泳装以这个小岛来命名——"比基尼"。然而，1954年，美国在这里进行了一次氢弹爆炸实验，从那一瞬间之后，一切都变了，生活在这片海域的各种鱼类都遭受了很强的放射性危害，体内含有了很高浓度的放射性物质，数量巨大的海产品因放射性污染而不得不被废弃，许多在这一海域作业的渔民的健康也蒙受了极大地损害。

1944年，在第二次世界大战期间，为了制造核武器，美国汉福特原子能工厂通过哥伦比亚河把大量人工核素排入太平洋，从而开始了人类对海洋的放射性污染。近半个多世纪以来，由于世界上多个国家为了发展核武器，在海上和陆地上进行了大量核试验，尤其是在冷战时期，美苏两国为了争夺世界霸权，更是大力扩充军备，发展核武器，这是海洋放射性污染的主要来源。上述比基尼岛的悲剧，就是美国为发展核武器所造成的恶果。

放射性物质污染的来源不仅仅来自核试验，现在世界上越来越多的国家都有了自己的核潜艇，核潜艇在海中航行的时候，所排放的冷却水和使用过的离子交换树脂都会含有大量的放射性物质，如果发生核潜艇不幸失事或者载有核弹头的飞机坠毁的事故，它们所携带的大量放射性物质就会泄露，将引起海域的严重污染，海洋环境也将遭受极大的威胁。

此外，人们对放射性物质铀、钍矿的开采、洗选、冶炼、提纯，也会产生大量的废物；原子能反应堆、核电站运转时排放或泄露的含有多种放射性物质的废物；应用放射性物质的工业、农业、医院及科研部门所排放的放射性废物；稀土元素、稀有金属的冶炼中产生的放射性废物等，都会造成放射性物质的污染。特别是当如切尔诺贝利核电站失事这样的事故发生时，放射性物质污染的程度更是难以估量。

海洋放射性污染最直接的影响，就是降低了渔产品的食用价值。在被污染了的海域里生活的各种生物，它们不仅能富集放射性物质在自己的体内，并且还会在这些物质的影响下，在生长和繁殖上表现出不良的影响。放射性污染还可以使鱼类的平均寿命缩短、产卵能力下降，造成一些鱼类的胚胎发育缓慢，死亡率上升，稚鱼生长减慢，死亡率增加，从胚胎中孵化出来的稚鱼的畸形率也显著增高。

放射性污染最终毒害的同样是我们人类自身。海洋的放射性物质可以伴随海产品的食用而进入人体。放射性物质所释放的射线，是一种看不见又摸不着，无色又无味的剧毒物质，只要百万分之一微克的量就对人体有致命的危险。放射性物质对人体的危害包括近期和远期效应两种类型，海洋环境污染的主要危害是远期的、潜伏性的，长期而大量的食用被放射性污染的海产品，便会引发疾病，例如有可能引起骨癌和白血病发病率的提高，并有可能导致遗传变异。

由此可见，海洋放射性污染，是一种具有潜在危险的"杀人不见血"的致命杀手。的是不容忽视的。当前的世界，需要全面禁止核试验，限制核武器的制造，同时在对其他放射性废物的处理问题上，要加以重视并采取切实可靠的措施，只有这样，才能将海洋放射性污染减少到最小的限度，以免危及人类自身，甚至祸及后代。

● 围海造陆对海洋的伤害

人类对海洋环境的破坏，不仅仅在于向海洋中排泄废物，恣意污染，还在于人类在与海洋争夺生活空间的过程中，不遵循自然法则和客观规律，盲目建筑海滨海岸工程，改造海洋环境的行动。这在愈演愈烈的围海造陆运动中表现得十分明显。

围海造陆，是人类利用海洋空间最古老的方式，这是一些沿海地区用以解决土地不足，发展经济的有效手段。这些土地可以用于城市建设和工农业生产，从而有效的缓解经济发展与建设用地不足的矛盾。围海造陆的"成功范例"之一，是荷兰，他们围海造陆已有几百年的历史，有四分之一的国土都是从大海手里"夺"过来的。

但是，由于海岸带是陆海交汇的地方，在海岸、近海进行大量工程建设、围海造田的活动，并不是都能"成功"的，往往导致自然规律的报复。大规模的、不合理的海滨海岸工程、围海造陆，不但直接改变了海岸带的自然景观，而且往往会给海岸带及其周围海域带来地理地质条件的改变，破坏海洋的物理运动规律，造成海洋自然环境改变，或吞噬沿岸大面积的湿地滩涂，或造成不可挽回的海岸破坏，或造成新的海域淤积，还会对海洋生物生态环境造成极大破坏，甚至导致一些生物灭绝。下面通过具体的事例，将过度围海造陆所造成的危害加以说明。

在广州珠江口海域，许多围海造陆的工程都是出于"无序""无度"的状态，这种围垦使得珠江口水域缩小，水位升高，航道变窄，纳潮量减小，生态破坏严重。随着港口变小，潮差也会随之变小，这样潮汐的冲刷能力便会降低，海水的自净能力也就随之减弱，导致水质日益恶化。围海造陆所得的陆地主要用于城市建设和工农业生产，污染物较多，尤其是各种污水直接排入大海，导致海水富营养化的可能性大大增加，从而使引发赤潮的概率也大大增加，这将给沿海的海水养殖业和海洋渔业生产带来巨大的危害。

围海造陆还容易引发洪灾，并且会造成航道的淤积。1994年夏季，华南地区发生了200年一遇的特大洪水，但实际上降水量并不是很大，这正是因为围海所造的陆地阻塞了部分入海河道，影响了洪水的下泄，造成了洪水的内涝。

我国浙江省的舟山市，地处长江、甬江和钱塘江的三江入海交汇处，海水却终年浑黄不堪，航道淤积严重。导致这一现象的原因之一就是舟山市近年来在开发和建设过程中大量采用移山填海、围海造田的办法，这种做法改变了岛屿之间潮流的流速、流向和有关水文条件，人为加剧了海域航道淤积。

广东省汕头港的航道也因其内湾历年实施围海造陆而逐渐淤浅，仅

20世纪50—80年代，汕头湾就被围去近70平方千米，致使湾口外航道的水流明显减慢并淤浅，后来耗巨资修建外导流堤仍见效不大，万吨海轮受航道水深的限制不能进出汕头港，近年不得不在湾口外另寻广澳湾作为新的深水港。

围海造陆还容易毁掉大批的红树林。红树林素有"海上森林"之称，它是热带、亚热带沿海潮间带特有的木本植物群落，其生态系统具有净化海水、预防赤潮、清新空气、绿化环境等多种功能，还可为鱼类、无脊椎动物和鸟类提供栖息、摄食和繁育场所，因而又是最富生物多样性的区域，号称鱼、虾、蟹、贝的天堂，鸟类的安乐窝。近40年，我国红树林面积由4.83万公顷锐减到1.51万公顷，大部分是因为围海造陆而毁掉的。红树林资源的锐减换来的是海滨生态环境的恶化、海岸国土侵蚀日益严重、台风、风暴潮损失加剧、近海珍珠养殖业整体衰败、滩涂养虾暴病、林区和近海渔业资源减少等等。

围海造陆还容易产生的一个非常直接的影响，破坏海洋生物链，使海洋生物锐减，造成严重的生态环境和社会经济问题。不少海湾的自然环境因不合理的围海造陆活动而改变，严重损害了栖息生物的生态环境，导致原有生物群落结构的破坏和物种的减少。例如，北海由于填海建港、填海造地，导致岸线缩短、湾体缩小，人工海岸比例增高，浅滩消失，海岸的天然程度降低，损害生物的生态环境，使海洋渔获量减少，物种也减少很多。

大面积的围海造田，对海洋洄游鱼类来说，就像飞翔的信鸽遭遇磁场变化，无法返回栖息的场所一样。舟山群岛属于我国的四大渔场之一，但是近年来渔业资源却急剧衰退，其原因之一就是海洋环境的不断恶化。舟山群岛海域的每一座礁石、每一处滩涂，都是鱼类重要的洄游栖息地，海平面以下的地形、地貌一旦发生变化或被破坏，将直接影响到鱼群的栖息环境，破坏鱼类的洄游规律，导致鱼汛减少甚至消失，严重影响了渔业发展。

深圳湾附近海域的围海造陆工程所造成的危害尤为严重。改革开放30多年以来，深圳作为我国重要的经济特区，取得了翻天覆地的变化，但是，由于一直以来的无节制填海，深圳湾在30多年的时间里已经减少了近1/3，湿地面积减少了一半，生态失衡、淤积严重、污染加重，海洋生物的栖息地几乎都被破坏，海洋生态系统的自净能力几乎消失殆尽。有专家计算，如果还不采取切实有效的措施，深圳湾将逐渐变成死水，而后消失。

由此可见，无序的围海造陆，对于沿海地带环境的破坏也是灾难性的。

● SOS！海中岛国即将被淹没

沉没的大陆，火山的爆发，濒临死亡的生物，被海水淹没的地球……这些场景也许不只是出现在电影《2012》中，目前，气候变化已经成为21世纪全球面临的最严重挑战之一，由全球变暖造成的自然灾害和温室效应，已经使大海中的数十个岛国面临着沦为一片汪洋的威胁。

2009年，马尔代夫总统在海底召开了一场世界首次的"水下内阁会议"，总统和其他13名官员身穿黑色的潜水服，潜入6米深的水下，在安放于海底的一张桌子旁依次就坐。总统打着手势，宣布会议开始，泡沫不断从他们戴的面罩上喷出，总统、副总统、内阁秘书和11名部长用防水笔在塑料白漆板上签署了一份"SOS（紧急求救）"文件，呼吁所有国家减少二氧化碳排放。这次会议的目的是吸引人们关注这样一个可能的前景——海平面升高，或许会在一个世纪内淹没这个平均只高于海平面2.1米的印度洋岛国。

位于南太平洋的岛国图瓦卢，由9个环形珊瑚岛群组成，陆地面积仅26平方千米，海拔最高的地点只有4.5米，而侵袭岛上最大的巨浪是3.2米。随着全球变暖趋势的逐渐加强，图瓦卢人日夜难眠，南北两极不断融化的冰川就像一个个巨型炸弹，随时都会将他们轰入海底。目前，至少有6000多人已经离开图瓦卢移民海外，而目前尚在图瓦卢生活的人口只有1万人，如果继续这样下去的话，图瓦卢将成为世界上第一个因环境问题举国搬迁，人口消失的国家。

美国大片《2012》描述的场面，形象展示了当海平面大幅上升之后，我们人类可能的生活状态。那么，这样科幻片中的场景真的会出现吗？答案是：不无可能。目前，在全球气候变暖的影响下，海平面不断上升，已成为不争的事实。分布于世界各地的验潮计最先发现端倪，而围绕地球旋转的人造卫星从1970年起屡次证实了这一趋势。自20世纪初以来，海平面已经上升了20厘米。尤其是近几十年，海平面的上升速度几乎增长了1倍，从20世纪平均每年上升1.8毫米增加到目前的每年3毫米以上。而且所有迹象都表明，海平面的上升仍在加速。海平面上升速度越来越快，科学家由此推断，到2100年，海平面将较现在上升3米！如果这一预测成为现实，那么，一座又一座的濒海城市将面临灭顶之灾。

更令人忧心的是，这一突如其来的上升势头打破了3000年来全球海平面的大体稳定，如今，这延续了千年的平衡已不复存在。

那么，如此严峻的形势究竟是如何造成的呢？据科学家分析，海平面上升是由全球气候变暖、极地冰川融化、上层海水变热膨胀等原因引起的。那么，为什么近百年来全球海平面上升的速度越来越快呢？这就与我们人类的自身活动有着密不可分的关系了。近代以来，随着工业的迅速发展，矿石、石油和生物物质的燃烧量大大增加，大气中二氧化碳的含量也明显提高，1958年上升为万分之3.14，1988年增加到万分之3.49。而二氧化碳等气体有一个功能，就是可以如同玻璃温室一样，使地球表面保持适当的温度，所以二氧化碳等气体便被称为"温室气体"。而目前二氧化碳等温室气体在空气中的浓度在明显增加，除了工业排放，各种发热系统、交通运输工具、油井或天然气井泄露引发的燃烧，农业和森林火灾等等，都会提高大气中温室气体的浓度。

当温室气体越来越多，温室效应也会愈加明显，海水也会受热膨胀，同时，极地冰川也会大面积融化，从而促使海平面上升。海平面上升对沿海地区的社会经济、自然环境及生态系统等都有着重大影响。

首先，海平面的上升将淹没一些低洼的沿海地区，加强了的海洋动力因素向海滩推进，侵蚀海岸，从而变"桑田"为"沧海"。近年来，许多大洋上的岛国经常呼吁国际社会制定更为严格的废气减排目标，以对抗全球气候变暖，否则，在不久的将来，这些国家就将面临被海水吞没之灾。

其次，就目前来看，海平面的上升已经对沿海地区造成了很严重的灾害，它使风暴潮强度加剧，频次增多，不仅危及沿海地区人民生命财产，而且还会使土地盐碱化，海水内侵，造成农业减产，破坏生态环境。

显然，如果温室效应得不到有效的控制，那么到时候被淹没的将不仅仅是那些大洋中的小岛，沿海地区的一些世界级大都市也将成为一片汪洋。

● 保护海洋：全人类共同的责任

蔚蓝的大海，是巨大的宝库。我们人类在享受着海洋母亲给予的同时，也利用她来廉价地处理废物，不同程度地污染了海洋环境。为了我们人类社会能够可持续的健康发展，我们不能继续不计后果地污染海洋环境了。人类应该从现在认真做起，好好保护我们的海洋——全人类共同的遗产。这是我们全人类共同的责任。